U0383229

Premiere Pro
数字视频后期制作 [案例微课版]

孙琪 王军 ◎ 主编

人民邮电出版社
北京

图书在版编目（CIP）数据

Premiere Pro 数字视频后期制作：案例微课版 / 孙琪，王军主编. -- 北京：人民邮电出版社，2024.

ISBN 978-7-115-65326-0

Ⅰ．TP317.53

中国国家版本馆 CIP 数据核字第 2024YA1980 号

内 容 提 要

本书主要讲解中文版 Premiere Pro 2024 在数字视频后期制作方面的使用方法与技巧，采用新颖的知识架构，并结合 7 个商业项目案例，使读者掌握 Premiere Pro 在视频后期制作中的常用编辑方法，熟悉动画、转场、滤镜和调色等关键技术的应用。

全书内容以商业项目为主线，从分析项目的制作思路、寻找合适的素材入手，进而逐步完成项目的制作，以练代学，使读者不仅能掌握视频后期制作的理论知识，还能将其应用到实际工作中。每个项目都安排了课堂拓展训练，读者可以根据步骤提示结合教学视频进行学习。此外，本书附录中有 26 个商业案例同步实训任务，辅助读者练习巩固。同时，本书还提供任务学习和评价活页卡片，以方便教师进行"行动导向"的课堂教学。

本书附赠大量学习资源，包括所有商业项目、拓展训练和实训任务的素材文件、实例文件和在线教学视频，读者在实际操作过程中有不明白的地方，可以通过观看视频来学习。为了便于读者学习，本书还提供了 26 个商业案例同步实训任务的彩色电子文件。此外，为了方便教师教学，本书还附赠 PPT 课件和电子教案。

本书不仅可以作为职业院校数字媒体、艺术设计、电子商务、网络营销等相关专业及数字艺术教育培训机构的教材，还可供初学者学习使用。

◆ 主　编　孙　琪　王　军
　　责任编辑　张丹丹
　　责任印制　陈　犇

◆ 人民邮电出版社出版发行　　北京市丰台区成寿寺路 11 号
　　邮编　100164　　电子邮件　315@ptpress.com.cn
　　网址　https://www.ptpress.com.cn
　　北京瑞禾彩色印刷有限公司印刷

◆ 开本：787×1092　1/16
　　印张：10.25　　　　　　　　　　2024 年 12 月第 1 版
　　字数：300 千字　　　　　　　　　2024 年 12 月北京第 1 次印刷

定价：59.80 元

读者服务热线：(010)81055410　印装质量热线：(010)81055316
反盗版热线：(010)81055315
广告经营许可证：京东市监广登字 20170147 号

前言

本书全面落实"立德树人"的根本任务，基于Adobe Premiere Pro 2024编写，具有以下特色。

一、立德树人、价值引领

本书全面贯彻党的二十大精神，践行社会主义核心价值观，以"立德树人"为根本任务。坚持正确的政治方向和价值导向，将美丽中国建设与教材内容有机融合，深入挖掘教学素材中蕴含的素质目标，注重培养学生的职业道德和职业素养，引导学生树立正确的世界观、人生观和价值观。

本书紧紧围绕德技并修、工学结合的育人机制和人才培养目标，着力培养学生的工匠精神、职业道德、职业技能和就业能力，推动形成具有中国特色的职业教育特色人才培养模式。

二、技能突出、结构合理

本书从实际工作中的技能需求出发，安排了7个商业项目案例，并搭配拓展训练与实训任务，引导读者进行自主学习。本书的内容结构符合读者的认知特点与学习习惯，符合技术技能人才成长规律，知识传授与技术技能培养并重，强化学生职业素养养成和专业技术积累的能力。

三、资源丰富、形式多彩

本书配套104个（段）微课视频资源，引导学生探索知识，辅助教师教学，为进一步探索"工学结合"一体化教学形式提供充分的准备。

感谢读者选择本书。由于编者水平有限，书中难免存在疏漏和不妥之处，敬请读者批评指正。

编者

2024年8月

如何使用本书

01 项目介绍

介绍案例的主题背景、所需要制作的时长、提交文件的类型和要求等基础内容。

项目介绍

⚙ 情境描述

短视频是时下流行的一种视频形式，通过较短（一般为十几秒到几分钟）的时间，快速展示需要表达的内容。本项目需要根据某文旅公司的要求制作一个"冬日旅行"主题的短视频，视频时长在20秒以内，前期的策划与拍摄工作已完成。现需要完成该视频的剪辑，用于该文旅公司旅行主题的宣传。

本任务首先要解读分镜头脚本与解说词，明确制作要求、工作时间和交付要求等信息；然后对原始音视频素材进行整理、筛选并排序，搜集分析同类视频剪辑范例，选定音视频剪辑方案，梳理剪辑流程和要点，制定音视频剪辑策略；最后完成源文件的命名与文件的归档工作，确保所有文件都能被有序、高效地管理和检索。

⚙ 任务要求

根据任务的情境描述，在8小时内完成宣传短视频的剪辑与包装任务。

① 根据任务要求，分析、筛查同类视频，制作宣传视频剪辑的工作方案。制作简要脚本，确定视频风格类型、表现形式、配色方案等，要求主题突出、立意正确。

学习技能目标 02

罗列案例在制作中会用到的技术。

学习技能目标

- 能够说出用Premiere Pro制作视频的流程。
- 能够根据提供的素材列出简单的镜头脚本。
- 能够对提供的素材进行粗剪。
- 能够使用"导入"命令导入素材。
- 能够使用"新建项目"按钮新建HD 1080p 25 fps序列。
- 能够使用"剃刀工具"裁剪视频。
- 能够使用"速度/持续时间"选项设置视频的播放速度。
- 能够使用"文字工具"添加文本。
- 能够利用"效果控件"调节文本参数。
- 能够通过添加与"缩放"关键帧将视频放大效果。
- 能够利用速度曲线与"关键帧"添加缓入缓出效果。
- 能够利用"效果"面板为视频添加"高斯模糊"视频效果并调节其曲线。

03 项目知识链接

讲解与案例相关的知识，丰富学生的知识面。搭配教学视频，可使学习更加简单高效。

项目知识链接

视频过渡是转场时运用较多的一种方式，在系统中内置了很多类型的过渡效果，只需要将其放置在两段剪辑之间，就能自动生成效果，不需要手动添加关键帧，为用户节省了很多制作时间。下面列举一些常用的视频过渡效果。

内滑

选中"内滑"过渡效果，然后拖曳到两段剪辑的连接处，就会自动生成过渡效果。移动播放指示器，可以观察到在过渡区域，后一段剪辑会从左向右移动覆盖前一段剪辑，如图4-1所示。

图4-1

任务实施 04

详细讲解案例的制作步骤，配合教学视频，让学生边学边练。

任务实施

任务2.1 火锅宣传片头制作

为了让片头看起来吸引人，需要做得有趣一些，这样能吸引用户继续观看视频。片头在制作上相对复杂，会运用到嵌套序列和轨道遮罩。

1.整理素材

01 打开Premiere Pro，在启动界面中单击"新建项目"按钮 ，跳转到"导入"界面，设置"项目名"为"火锅宣传"，然后在"项目位置"中设置项目工程文件的保存位置，并单击右下角的"创建"按钮，此时会跳转到"编辑"界面，如图2-33所示。

02 在"项目"面板中导入已有的素材文件，如图2-34所示。

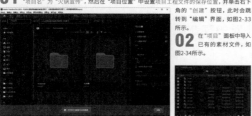

图2-33　　　　图2-34

▶ 知识点：素材箱的使用方法

本例中素材文件比较多，有图片、音频和视频。如果将素材全部摆在一起，不便于查找和取放。素材箱可以将这些素材分门别类，这样操作起来会比较简便。

在"项目"面板的下方有"新建素材箱"按钮，单击该按钮后，会在"项目"面板中创建一个"素材箱"文件夹，如图2-35所示。这个文件夹的名称是可以修改的，这里我们修改为"片头"，然后将所有用于片头的素材放置其中，如图2-36所示。素材箱的名字可按照自己的想法随意设定，可以是镜头的名称，也可以是素材格式的名称，或者其他的命名方式。

按照镜头脚本中的镜头顺序，新建不同的素材箱，将相应的素材文件放置在各素材箱中，查找就会更加方便，如图2-37所示。

图2-35　　　　图2-36　　　　图2-37

05 知识点

讲解在制作步骤中出现的引申知识，增强学生的软件使用能力，丰富项目制作技巧。

06 项目总结与评价

总结本项目的知识脉络。让学生根据项目评价表量化每个板块应掌握的内容，快速查缺补漏，更好地吸收所学知识。

07 拓展训练

根据本项目所学的案例类型，练习相似的习题。习题要求会规定练习所达到的最终效果，步骤提示会体现制作中的关键点。如果遇到不会的地方，可以观看教学视频。

08 附 录

提供实训任务，供学生进一步练习。

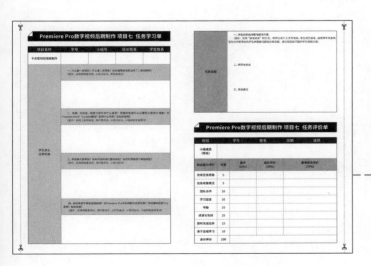

09 任务学习单与评价单

用于学习小组之间的互相评价和教师对学生学习情况的评价。

目录
contents

项目七

动感节奏，视音同步
卡点音效短视频制作

附　录

商业案例同步实训任务26例

Premiere Pro

项目一

白雪皑皑，畅游雪国
冬 日 旅 行 短 视 频 制 作

项目介绍

☞ 情境描述

短视频是时下流行的一种视频形式，通过较短（一般为十几秒到几分钟）的时间，快速展示需要表达的内容。本项目需要根据某文旅公司的要求制作一个"冬日旅行"主题的短视频，视频时长在20秒以内，前期的策划及拍摄工作已完成。现需要完成该视频的剪辑，用于该文旅公司旅行主题的宣传。

本任务首先要解读分镜头脚本与解说词，明确制作要求、工作时间和交付要求等信息；然后对原始音视频素材进行整理、筛选并排序，搜集分析同类视频剪辑范例，选定音视频剪辑方案，梳理剪辑流程和要点，制定音视频剪辑策略；最后完成源文件的命名与文件的归档工作，确保所有文件都能被有序、高效地管理和检索。

☞ 任务要求

根据任务的情境描述，在8小时内完成宣传短视频的剪辑与包装任务。

① 根据任务要求，分析、筛查同类视频，制作宣传视频剪辑的工作方案。制作简要脚本，确定视频风格类型、表现形式、配色方案等，要求主题突出、立意正确。

② 在制作过程中，准确进行视频效果制作、视频过渡、文本添加及视频调色，要求视频比例和谐、节奏明快、风格统一、制作规范。

③ 视频分辨率不小于1080p，帧速率不小于25帧/秒（软件中有fps的用法，请注意），格式为MP4，时长在20秒以内，版式为横屏。

④ 根据工作时间和交付要求，整理、输出并提交符合客户要求的文件。

◇ 一份PRPROJ格式的视频剪辑源文件。
◇ 一份MP4格式的展示视频。

学习技能目标

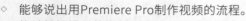

◇ 能够说出用Premiere Pro制作视频的流程。
◇ 能够根据提供的素材列出简单的镜头脚本。
◇ 能够对提供的素材进行粗剪。
◇ 能够使用"导入"命令导入素材。
◇ 能够使用"新建项目"按钮新建HD 1080p 25 fps序列。
◇ 能够使用"剃刀工具"裁剪视频。
◇ 能够使用"速度/持续时间"选项设置视频倒放效果。
◇ 能够使用"文字工具"添加文本。
◇ 能够利用"效果控件"调节文本参数。
◇ 能够通过添加"缩放"关键帧制作视频放大效果。
◇ 能够利用速度曲线为"关键帧"添加缓入缓出效果。
◇ 能够利用"效果"面板为视频添加"高斯模糊"视频效果并调节其曲线。

- ◇ 能够使用"效果"面板为视频添加"黑场过渡"视频过渡效果。
- ◇ 能够使用"效果"面板为文字添加"块溶解"效果并添加关键帧。
- ◇ 能够利用"混合模式"去掉素材黑色背景。
- ◇ 能够使用"窗口>Lumetri颜色"菜单命令完成视频调色。
- ◇ 能够使用"导出帧"按钮导出指定图片来制作封面。
- ◇ 能够使用"导出"按钮导出MP4格式的视频。

项目知识链接

认识Premiere Pro编辑界面

Premiere Pro的编辑界面由多个板块组成，如图1-1所示。下面介绍日常工作中常用的面板。

扫码看教学视频

图1-1

"项目"面板： 用于导入外部素材，并对素材进行管理。

"效果"面板： 面板中包含视频、音频和过渡的各种效果。通过上方的搜索框可以快速查找需要的效果，如图1-2所示。

工具面板： 面板中集合了一些在剪辑中所使用的工具，默认情况下使用"选择工具" 。

图1-2

"时间轴"面板： 大部分的编辑工作需要在"时间轴"面板中完成。将多个素材放在时间轴中形成序列，从而对这个序列进行编辑。

"节目"监视器： 用于观察序列的整体情况，并可以对其进行一定的编辑操作。

与其他Adobe软件一样，Premiere Pro的面板也是可以随意更改位置、大小和数量的。用户可以根据自己的需求，调整出合适的工作区。

当按住鼠标左键拖曳面板时，可将选中的面板移动到界面的任意位置。当移动的面板与其他面板的区域相交时，相交的面板区域会变亮，如图1-3所示。变亮的位置决定了移动的面板所插入的位置。如果想让面板自由浮动，就需要在拖曳面板的同时按住Ctrl键。

在面板的左上角或右上角单击▤按钮，会弹出下拉菜单，如图1-4所示。在下拉菜单中可以选择面板的状态。

| 关闭面板 |
| 浮动面板 |
| 关闭组中的其他面板 |
| 关闭其他时间轴面板 |
| 面板组设置 ＞ |

图1-4

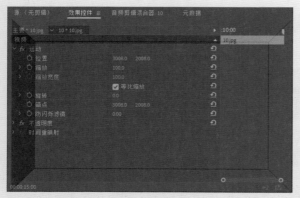

图1-3

如果想调整面板的大小，就将鼠标指针放在相邻面板间的分割线上，鼠标指针会变成◂▮▸形状。此时按住鼠标左键并拖曳，就能同时调整相邻两个面板的大小，如图1-5所示。

图1-5

若想同时调整多个面板的大小位置，将鼠标指针放在面板的交叉处，鼠标指针会变成✛形状。此时按住鼠标左键拖曳，就能同时调整多个面板的大小，如图1-6所示。

如果在操作过程中不小心关闭了某个面板，在"窗口"菜单中勾选该面板的名称就能在界面中再次显示该面板。

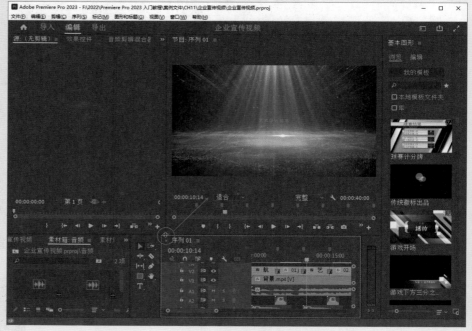

图1-6

视频剪辑常识

视频剪辑的方式相对灵活，下面介绍剪辑时需要了解的概念和需要用到的知识点。

1.剪辑的流程

剪辑从流程上来说，大致可以分成"素材整理""视频粗剪""视频精剪""调色""影片输出"这5个阶段。

素材整理： 根据项目要求，列出镜头脚本。根据脚本寻找缺失的素材或单独制作需要的素材。

视频粗剪： 根据镜头脚本，将素材简单拼在一起，调整大致的时长及需要添加的文字等内容。

视频精剪： 添加镜头间的转场特效，添加镜头的动画和不同的效果，让整体画面看起来更加丰富。

调色： 对整体画面或个别镜头进行调色，确定视频的整体风格。

影片输出： 将剪辑完成的工程文件输出为项目所需格式的视频文件。

2.剪辑的知识点

在剪辑时会接触到诸如"剪辑""视频转场""视频效果"等知识点。下面进行简单介绍。

序列： 序列是在Premiere Pro中创建文件时必备的，决定了输出视频的尺寸大小、画面比例和帧速率。

剪辑： 素材文件添加到"时间轴"面板的轨道上后形成的单独的文件，如图1-7所示。不同类型的素材文件，会显示为不同颜色的剪辑。

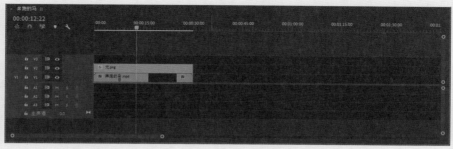

图1-7

关键帧： 添加动画的必备元素。由一个个关键帧进行链接，系统就能生成相对应的动画效果。关键帧不仅可以在剪辑本身的属性上添加，也可以在不同的视频效果上添加。

视频转场： 剪辑之间切换时添加的一些特殊效果。在软件内置的"视频过渡"中包含了很多转场特效，只要添加在两个剪辑之间，就能自动生成转场效果，如图1-8所示。除了添加内置的转场特效，也可以手动添加不同属性的关键帧形成移动、旋转和缩放等效果的转场。运用内置"视频效果"中的一些效果滤镜，也能生成丰富的转场效果。转场是非常灵活且多样的，如果单独讲转场内容，甚至可以专门用一本书的体量来讲。转场能决定视频的节奏和流畅性，是非常重要的一环。

视频效果： 也可以叫作效果滤镜，与Photoshop中的"滤镜"菜单用法相似。通过丰富的滤镜，能为视频添加裁剪、模糊、变形和抠图等效果。这一部分集合在内置的"视频效果"中，如图1-9所示。

图1-8

图1-9

文字： Premiere Pro的文字功能不仅可以在画面中添加文字，还能生成滚动字幕。在Premiere Pro 2023及以上的版本中，还能根据音频自动生成对应的文字内容，方便用户快速添加字幕。

调色： Premiere Pro的调色不仅可以修改素材的颜色，还可以调整视频整体的色调，形成不同的风格。

音频： 音频一般分为音乐和音效两大类。音乐指用于视频的背景音乐，可以作为视频转场的参考，确定视频整体的风格。音效则会在转场或特殊的画面出现时使用，起到锦上添花的作用。

分析整理素材

现有的素材为项目方提供的4段拍摄的冬日雪景的4K视频，如图1-10所示。这4段素材分别为人物在雪地奔跑、车辆开过雪地、躺在小桥上的人物和雪景森林，整体基本呈现俯拍的镜头，在镜头衔接上没有过于跳跃的地方。

图1-10

☞ 镜头脚本

根据素材视频的内容和镜头运动的方向，简单列出一个镜头脚本。

镜头序号	镜头描述	素材
镜头一	俯拍雪景森林，交代整体的环境，镜头拉近，并作为片头添加文字	
镜头二	一辆车开过森林中的雪地	
镜头三	人物在雪地奔跑	
镜头四	人物躺在小桥上，镜头拉远	

☞ 片头文字

短视频都需要做一个片头，片头会写有文字，起到描述视频主题的作用。

短视频主题为冬日旅行，因此主标题的文字为WINTER DAYS，副标题内容为Look at the world from another angle和Winter preface。为了表明视频的时间，继续添加文字内容@2024。

☞ 音乐素材

音乐素材也是短视频中不可缺少的部分，可以起到烘托视频氛围的作用。笔者在素材库中找到一段音乐，比较契合视频中的风景，如图1-11所示。

7fb111d168e3a
b5292fffa29ad1
c191f.mp4

4556b7b39096
df2105ae026c0
ba5bbbc.mp4

15027d75d88ce
34b071fe4072d
369f3a.mp4

0584114c9e4c9
a8df9a582499d
dc4cb6.mp4

音频.MP3

图1-11

 提示

读者如果有喜欢的音乐素材也可以替换。

任务实施

任务1.1 旅行视频项目新建

素材基本准备完成后，就可以在Premiere Pro中进行粗剪，将准备好的素材按照脚本进行排列。

扫码看教学视频

1.导入素材

01 打开Premiere Pro，在启动界面中单击"新建项目"按钮，跳转到"导入"界面，如图1-12所示。

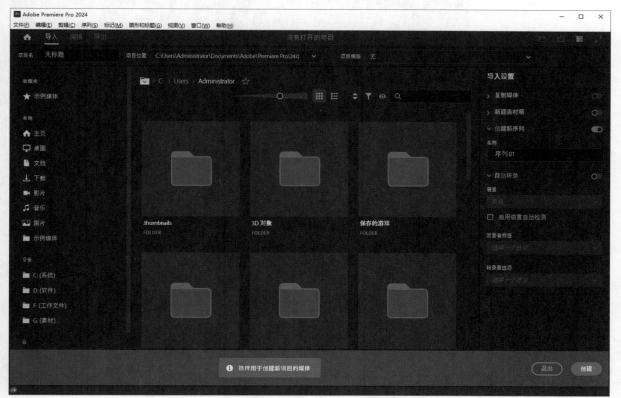

图1-12

02 在上方的"项目名"中输入项目的名称"冬日旅行"，然后在"项目位置"中设置项目工程文件的保存位置，并单击右下角的"创建"按钮，此时界面会跳转到"编辑"界面，如图1-13和图1-14所示。

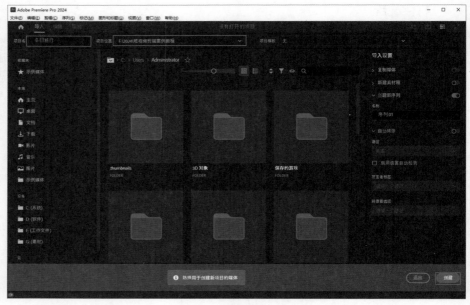

图1-13

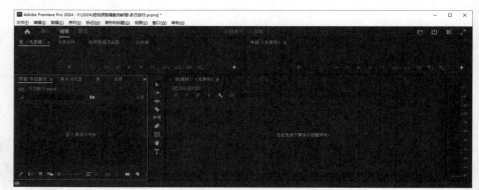

图1-14

03 将本书学习资源"项目一 冬日旅行短视频"文件夹中的素材文件全部导入"项目"面板中，如图1-15所示。

04 单击"项目"面板右下角的"新建项"按钮，在弹出的菜单中选择"序列"选项，如图1-16所示。

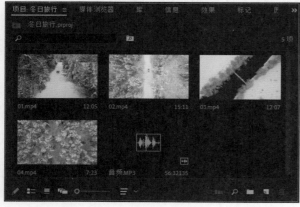

图1-15

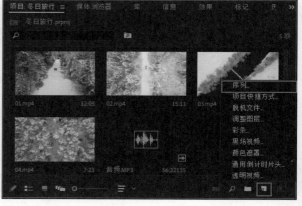

图1-16

05 在"新建序列"对话框中选择"HD 1080p 25 fps"选项，并单击右下角的"确定"按钮 **确定** ，如图1-17所示。

💡 **提示**

在项目要求中，规定视频的分辨率为1080p，因此选择序列时就要选择1080p系列的序列。帧速率选择25帧/秒就够用了，当然选择29.97帧/秒也可以。

06 按照脚本中的镜头顺序将素材逐一移动到"时间轴"面板进行排列，如图1-18所示。当素材移动到时间轴上时，会弹出提示，保持默认即可。

07 排列完成后会发现素材整体时长超过要求的20秒，且音频的长度小于视频长度，需要裁掉视频剪辑的多余部分。根据音频的节奏，在5秒10帧的位置，音乐有一个变化，选中镜头一的剪辑，使用"剃刀工具" ◈ （C键）进行裁剪，然后删掉后半部分，如图1-19所示。

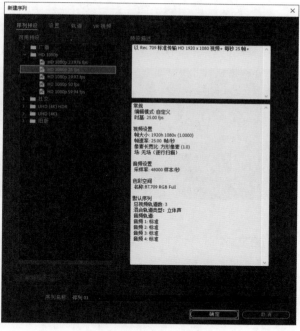

图1-17

图1-18

图1-19

💡 **提示**

根据音乐节奏进行镜头切换是一种很常见的转场方式。镜头的变换与音乐或音效的配合，能让视频整体节奏流畅。

08 继续播放音乐，在8秒20帧的位置，音乐又有一个明显的变化。选中镜头二的剪辑，使用"剃刀工具" ◈ 进行裁剪，然后删掉后半部分，如图1-20所示。

09 播放音乐，在12秒20帧的位置，音乐有一个重音可以用作镜头切换。选中镜头三的剪辑，使用"剃刀工具" ◈ 进行裁剪，然后删掉后半部分，如图1-21所示。

图1-20

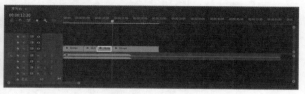

图1-21

10 移动到18秒的位置，音乐播放完毕，使用"剃刀工具" ◈ 裁剪视频和音频剪辑的多余部分，如图1-22所示。这样就能保证整个视频时长在20秒以内。

💡 **提示**

按住Shift键并使用"剃刀工具" ◈ ，可以一次性裁剪同一时段上不同轨道的剪辑。

图1-22

11 镜头四的剪辑稍微特殊一些，在开始时镜头运动幅度很小，且镜头也是推进的，与脚本中设定的镜头方向相反。选中该剪辑，单击鼠标右键，在弹出的菜单中选择"速度/持续时间"选项，然后在弹出的对话框中勾选"倒放速度"选项，并单击"确定"按钮 ，如图1-23和图1-24所示。

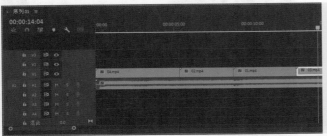

图1-23

图1-24

2.添加文本

01 在工具面板中单击"文字工具"按钮，然后在"节目"监视器中输入WINTER DAYS，如图1-25所示。

02 在"效果控件"面板中调整文字的字体、大小和字间距，然后选择"粗体"和"下划线"选项，如图1-26所示。调整后的文字效果如图1-27所示。

> 💡 **提示**
>
> 如果读者的计算机中没有安装相同的字体，选择相似的字体代替即可。

图1-25

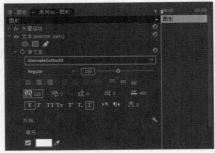

图1-26

图1-27

03 继续使用"文字工具"在上方输入Look at the world from another angle，效果及参数如图1-28所示。

图1-28

04 将上一步创建的文本剪辑按住Alt键向上拖曳，复制出一个新的文本剪辑，如图1-29所示。

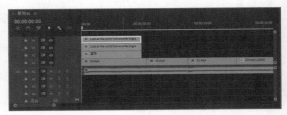

图1-29

05 修改复制的文本剪辑内容为Winter preface，如图1-30所示。

06 再次向上复制一个文本剪辑，修改内容为@2024，如图1-31所示。至此，视频粗剪完成。

图1-30

图1-31

任务1.2 视频剪辑效果编辑

粗剪完成后，视频已经完成了一半，整体基调也已经搭建好了。在此基础上，需要添加一些转场和视频特效等，让视频整体看起来更加精致好看。

扫码看教学视频

1.添加转场

01 Premiere Pro自带的视频过渡类型较为简单，不能很好地达到预期的效果。在这个项目中，我们需要制作关键帧动画来实现丰富的视频过渡效果。选中第一个镜头的剪辑，在5秒04帧的位置单击"缩放"属性前方的"切换动画"按钮添加一个关键帧，如图1-32所示。

图1-32

02 移动播放指示器到剪辑末尾，设置"缩放"为150，就会自动添加一个关键帧，如图1-33所示。效果如图1-34所示。

图1-33

图1-34

03 框选两个关键帧图标，单击鼠标右键，在弹出的菜单中选择"缓入"和"缓出"两个选项，然后调整速度曲线的样式，如图1-35所示。这样就实现了加速的动画效果。

04 在"效果"面板搜索"高斯模糊"效果，添加到"效果控件"面板，然后在两个关键帧的位置分别设置"模糊度"为0和100，如图1-36所示。

图1-35

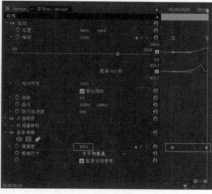

图1-36

05 按照步骤03的方式调整"高斯模糊"的速度曲线，如图1-37所示。效果如图1-38所示。

06 选中镜头二的剪辑，在剪辑起始位置设置"缩放"为60并添加关键帧，然后在5秒14帧的位置设置"缩放"为100，效果如图1-39所示。

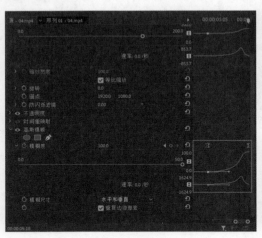

图1-38

图1-37

图1-39

07 添加"高斯模糊"效果，在同样的关键帧位置，设置"模糊度"为100和0，效果如图1-40所示。

08 按照步骤03的方式调整"缩放"和"高斯模糊"的速度曲线，如图1-41所示。

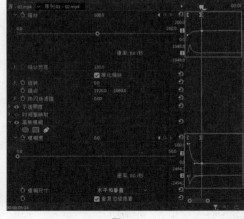

图1-40

图1-41

09 在8秒13帧的位置添加"缩放""旋转""模糊度"关键帧，然后在剪辑末尾设置"缩放"为120，"旋转"为60°，"模糊度"为100，如图1-42所示。效果如图1-43所示。

图1-42

图1-43

> **提示**
> 添加完关键帧后，需要调整速度曲线。操作方式都是相同的，这里不赘述。

10 选中镜头三的剪辑，添加"高斯模糊"效果，然后在12秒14帧的位置添加"缩放"和"模糊度"关键帧，在剪辑末尾设置"缩放"为60，"模糊度"为100，如图1-44所示。效果如图1-45所示。

11 在镜头四的剪辑上添加"高斯模糊"效果，然后在剪辑起始位置设置"模糊度"为100，并添加关键帧，在13秒位置设置"模糊度"为0，效果如图1-46所示。至此，镜头间的转场就全部完成了。

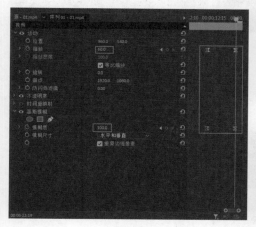

图1-44

图1-45

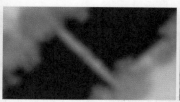

图1-46

2.剪辑效果

01 播放整体视频，会发现镜头在一开始会显得有些突兀。选中镜头一的剪辑，在"效果"面板中搜索"黑场过渡"，将其添加到镜头一剪辑的起始位置，如图1-47所示。此时在剪辑的起始位置就会出现相应的效果，如图1-48所示。

图1-47

图1-48

02 镜头一剪辑有了渐显效果，相对应的镜头四剪辑就需要有一个渐隐的效果。选中镜头四剪辑，将"黑场过渡"效果添加到剪辑末尾，如图1-49所示。剪辑的画面效果如图1-50所示。

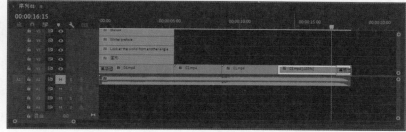

图1-49

图1-50

3.文字效果

01 镜头一添加了"黑场过渡"效果后，文字就会显得特别突兀。随着画面逐渐显示，文字应逐渐显示，这样整体画面才连贯。选中WINTER DAYS剪辑，在"效果"面板中选择"块溶解"效果

添加到剪辑上，在20帧的位置设置"过渡完成"为100%，并添加关键帧，然后在1秒15帧的位置设置"过渡完成"为0%，如图1-51所示。这样文字就与画面一起出现，不会显得突兀了，如图1-52所示。

图1-51

图1-52

02 设置了文字的入场动画，还需要添加一个出场动画。在4秒20帧的位置添加"过渡完成"关键帧，保持这一帧为0%，然后在剪辑末尾设置"过渡完成"为100%，如图1-53所示。动画效果如图1-54所示。

图1-53

图1-54

03 按照上面的步骤，为其他文本剪辑也添加同样的"块溶解"效果，如图1-55所示。

图1-55

04 观察画面，会发现下方有点空。导入素材文件"贴纸1.jpg"到"项目"面板，然后将素材添加到"时间轴"上，长度与文本剪辑的长度相同，如图1-56所示。

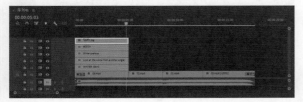

图1-56

05 在监视器中调整贴纸的大小和位置，然后在"效果控件"面板中设置"混合模式"为"滤色"，这样就能快速抠掉素材的黑色背景，如图1-57所示。

图1-57

💡 **提示**

读者也可以选择自己喜欢的素材添加到画面中。

4.画面调色

01 在"项目"面板中单击"新建项"按钮，在弹出的菜单中选择"调整图层"选项，创建一个默认大小的调整图层，并将其放置在顶层的轨道上，如图1-58所示。

图1-58

02 在"效果"面板中搜索"Lumetri颜色"效果并添加到"调整图层"剪辑上，如图1-59所示。

图1-59

03 执行"窗口>Lumetri颜色"菜单命令，打开"Lumetri颜色"面板，在"基本校正"卷展栏中设置"色温"为-10，"对比度"为35，"阴影"为-20，如图1-60所示。

图1-60

💡 **提示**

在"效果控件"面板中也可以调整"Lumetri颜色"的参数。相比于"Lumetri颜色"面板，"效果控件"面板中的字体更小，不方便查看。

04 在"创意"卷展栏中设置"自然饱和度"为40，"阴影色彩"为蓝色，如图1-61所示。

图1-61

05 在"晕影"卷展栏中设置"数量"为-2，如图1-62所示。添加晕影后，视线会更加集中在画面的中心位置。

图1-62

06 观察画面会发现一个问题，文字的颜色会受到滤镜影响，变得不是很明显。移动调整图层的剪辑到素材剪辑的上方，不遮挡文本剪辑，如图1-63所示。调整后的效果如图1-64所示。

图1-63

图1-64

任务1.3 影片视频输出

扫码看教学视频

影片制作完成后，按空格键整体播放一遍，检查有没有需要调整的地方，如果没有的话，就可以将其输出为影片格式的文件，提交给项目方。

1.封面设置

01 在时间轴中单独选择一帧作为视频的封面。移动播放指示器到1秒20帧的位置，如图1-65所示。这一帧可以作为视频的封面。

图1-65

02 在"节目"监视器下方单击"导出帧"按钮 ，在弹出的对话框中设置"名称"为"封面"，"格式"为JPEG，单击"浏览"按钮选择输出文件的路径后，单击"确定"按钮 确定 就能输出该帧图片，如图1-66和图1-67所示。

图1-66

图1-67

💡 **提示**

上传视频到一些视频网站时，会有单独的封面上传通道。如果读者不想用视频的某个单帧作为封面，也可以单独制作图片作为封面。

2.导出设置

01 单击上方的"导出"按钮 导出 ，切换到"导出"界面，然后设置"文件名""位置""格式"等，如图1-68所示。

图1-68

💡 **提示**

项目要求输出MP4格式，"格式"菜单中的H.264就对应该格式。

02 设置完成后，单击界面右下角的"导出"按钮 导出 ，就可以导出视频，如图1-69所示。

图1-69

03 导出完成后，在之前设置的输出路径中就能找到该文件，如图1-70所示。

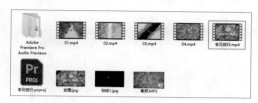

图1-70

项目总结与评价

☞ 设计总结

☞ 项目评价

分析整理素材	能够说出 Premiere Pro 制作视频的流程	5			
	能够根据提供的素材列出简单的镜头脚本	5			
视频粗剪	能够对提供的素材进行粗剪	5			
	能够使用"导入"命令导入素材	5			
	能够使用"新建项目"按钮新建 HD 1080p 25 fps 序列	5			
	能够使用"剃刀工具"裁剪视频	5			
	能够使用"速度 / 持续时间"选项设置视频倒放效果	5			
	能够使用"文字工具"添加文本	5			
	能够利用"效果控件"调节文本参数	5			
视频精剪	能够通过添加"缩放"关键帧制作视频放大效果	10			
	能够利用速度曲线为"关键帧"添加缓入缓出效果	10			
	能够利用"效果"面板为视频添加"高斯模糊"视频效果并调节其曲线	5			
	能够使用"效果"面板为视频添加"黑场过渡"视频过渡效果	5			
	能够使用"效果"面板为文字添加"块溶解"效果并添加关键帧	5			

续表

视频精剪	能够利用"混合模式"去掉素材黑色背景	5		
	能够使用"窗口 >Lumetri 颜色"菜单命令完成视频调色	5		
影片输出	能够使用"导出帧"按钮导出指定图片来制作封面	5		
	能够使用"导出"按钮导出 MP4 格式的视频	5		
总计		**100**		

拓展训练：旅行视频电子相册制作

扫码看教学视频

　　外出旅游所拍的照片，通过剪辑软件的编辑，就能生成动态的电子相册。将电子相册配上音乐和文字，可以生动地展示旅游时的状态。

☞ 习题要求

◇　视频主题：海边旅行电子相册
◇　分辨率：1080p
◇　视频格式：MP4
◇　视频时长：20秒左右
◇　视频要求：添加音乐、文字和装饰图案
◇　视频版式：竖屏

☞ 步骤提示

① 打开Premiere Pro，新建项目并导入照片、装饰物和背景音乐。
② 新建"社交媒体纵向9x16 30fps"序列，并将照片素材以合适的顺序添加到"时间轴"面板中。
③ 添加背景音乐，并按照音乐节奏调整照片剪辑的转场位置。
④ 将装饰物素材添加到"时间轴"面板用以装饰画面。
⑤ 添加片头的文字并在"效果"面板中添加"波形变化"和"线性擦除"两个效果。
⑥ 为照片素材添加"急摇""推""带状内滑""交叉缩放"和Inset等视频过渡效果。
⑦ 预览整个视频，无误后导出文件，命名为"旅行电子相册"，格式为MP4。

Premiere Pro

项目二

川蜀特色，以食为天
火锅餐饮短视频制作

项目介绍

☞ 情境描述

　　探店类和介绍类视频是视频网站上数量较多的视频分类，时间在几十秒到几分钟不等。某传媒公司宣传部门发来一项视频制作任务，该任务需要根据甲方提供的拍摄素材和要求剪辑一段火锅宣传短视频，用以发布到视频网站。

　　本任务要求采用轨道遮罩、嵌套、添加过渡效果、视频调色、添加文本等方式来制作；使用Premiere Pro结合音频节奏对视频进行剪辑，形成节奏明快的川蜀火锅餐饮宣传片；最后完成源文件的命名与文件的归档工作，确保所有文件都能被有序、高效地管理和检索。

☞ 任务要求

　　根据任务的情境描述，在12小时内完成川蜀火锅餐饮宣传短视频的剪辑与包装任务。

　　① 根据任务要求，制作简要脚本，确定视频风格类型、表现形式、配色方案等，要求主题突出、立意正确。

　　② 在制作过程中，准确进行视频效果制作、视频过渡、文本添加及视频调色，要求视频比例和谐、节奏明快、风格统一、制作规范。

　　③ 视频分辨率不小于1080p，帧速率不小于25帧/秒，格式为MP4，时长在60秒以内，版式为横屏。

　　④ 根据工作时间和交付要求，整理、输出并提交符合客户要求的文件。

　　◇ 一份PRPROJ格式的视频剪辑源文件。
　　◇ 一份MP4格式的展示视频。

学习技能目标

- ◇ 能够说出Premiere Pro制作视频的流程。
- ◇ 能够根据提供的素材列出简单的镜头脚本。
- ◇ 能利用素材箱对不同类型素材进行整理分类。
- ◇ 能够使用"新建项目"按钮新建HD 1080p 25 fps序列。
- ◇ 能够使用"新建项"创建"颜色遮罩"。
- ◇ 能够使用"缩放为帧大小"选项调整素材大小。
- ◇ 能够使用"轨道遮罩键"为视频添加遮罩效果。
- ◇ 能够使用"嵌套"选项嵌套序列。
- ◇ 能够利用"使用剪辑替换>从源监视器"选项替换嵌套序列内容。
- ◇ 能够对提供的素材进行粗剪。
- ◇ 能够根据音乐节奏，使用"剃刀工具"裁剪音频。
- ◇ 能够使用"比率拉伸工具"灵活调整视频播放速度。

◇ 能够使用"镜头光晕"为视频添加转场效果。
◇ 能够通过设置"缩放"来消除视频黑边。
◇ 能够使用"窗口>Lumetri颜色"菜单命令为视频调色。
◇ 能够设置"混合模式"为视频去除黑色背景。
◇ 能够通过添加"不透明度"关键帧来制作文字显示动画。
◇ 能够使用"导出帧"按钮导出指定图片来制作封面。
◇ 能够使用"导出"按钮导出MP4格式的视频。

项目知识链接

导入素材和创建序列

导入素材和创建序列是制作视频的基础。熟练地操作剪辑，能提高日常工作的效率。

扫码看教学视频

1.导入素材

制作剪辑文件的第一步就是导入所需要的各种素材文件，包括视频素材、序列素材和PSD素材等。导入素材文件可以通过以下3种方式实现。

方法1：执行"文件>导入"菜单命令（快捷键Ctrl+I），然后在弹出的"导入"对话框中选择需要导入的素材文件。双击"项目"面板也可以打开"导入"对话框。

方法2：从"媒体浏览器"中选择需要导入的素材文件。

方法3：直接将素材文件拖入"项目"面板中。

导入不同类型的文件，在方法上有一定的差别。

视频素材文件：导入后会在"项目"面板中看到导入文件的缩略图、素材名称和时长，如图2-1所示。单击"从当前视图切换到列表视图"按钮，可以将素材从缩略图形式切换为列表形式显示，如图2-2所示。

图2-1

图2-2

序列素材文件：序列素材文件是指多个图片组成的序列文件，常见于制作动画所渲染的序列帧。在"导入"对话框中选择序列帧中的任意一帧，然后勾选下方的"图像序列"选项，接着单击"打开"按钮，就可以将序列帧图片导入"项目"面板，如图2-3所示。导入后的序列帧会生成一个单独的素材文件，如图2-4所示。

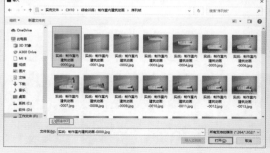

图2-3

图2-4

PSD素材文件： PSD文件由多个图层组成，在导入PSD素材文件时，会弹出"导入分层文件"对话框，如图2-5所示。单击"导入为"下拉菜单，可以在菜单中选择图层文件导入的形式，如图2-6所示。

图2-5　　　　　　　　　　　　　　图2-6

2.创建序列

在Premiere Pro中有两种方式可以创建序列，一种是根据素材自动匹配创建序列，另一种是手动创建序列。只需要将素材视频拖曳到空白的时间轴上，就会创建一个与它匹配的序列。手动创建序列，需要在"项目"面板右下角单击"新建项"按钮 ，在弹出的菜单中选择"序列"选项，如图2-7所示。此时系统会打开"新建序列"对话框，如图2-8所示。选中预设后会在右侧显示预设的相关信息，包括输出尺寸、帧速率和音频的采样率等信息。根据这些信息，用户就可以判断预设与自己需要的类型是否符合。

图2-7　　　　　　　　　　　　　　图2-8

创建序列后，"时间轴"面板就会切换为序列的状态，如图2-9所示。

图2-9

默认状态下，序列中的轨道都为启用状态，如图2-10所示。选中需要禁用的轨道，单击鼠标右键，在弹出的菜单中取消勾选"启用"选项，该轨道便会被禁用，且在"节目"监视器中不显示，如图2-11所示。

图2-10　　　　　　　　　　　　　　图2-11

提示

再次在右键菜单中勾选"启用"选项，就可以启用该轨道，并在"节目"监视器中显示画面。

在添加带音频的素材文件到序列中时，可以观察到视频和音频轨道上的剪辑处于链接状态，只要选中其中一个轨道，另一个轨道也会处于选中状态，如图2-12所示。

当我们需要单独编辑其中一个轨道的剪辑时，需要先取消两个轨道的链接状态。选中轨道上的剪辑，单击鼠标右键，在弹出的菜单中选择"取消链接"选项，两个轨道的剪辑就能分离并单独选中，如图2-13和图2-14所示。

图2-12   图2-13   图2-14

提示

选中多个剪辑，在右键菜单中选择"链接"选项，也可以将其转换为链接状态。

轨道中的剪辑都是按照原有素材的速度进行播放的。如果我们需要将剪辑的速度加快或减慢，就可以通过"速度/持续时间"选项实现这一效果。

选中需要改变速度的剪辑，单击鼠标右键，在弹出的菜单中选择"速度/持续时间"选项，在弹出的"剪辑速度/持续时间"对话框中可以设置需要的速度或持续时间（播放时长），如图2-15和图2-16所示。

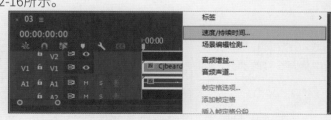 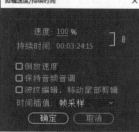

图2-15   图2-16

片段剪辑

使用"选择工具" ▶不仅能选择序列中的整段剪辑，也能选择裁剪后的剪辑片段，如图2-17所示。

扫码看教学视频

图2-17

提示

需要注意的是，如果双击该段剪辑，会切换到"源"监视器中观察该段剪辑的效果。

使用"选择工具" ▶并按住Shift键可以加选或减选其他剪辑片段，如图2-18所示。按住"选择工具" ▶在"时间轴"面板上拖出一个矩形框，框内的剪辑会被同时选中，如图2-19所示。

图2-18　　　　　　　　　　　　　　　　　　　图2-19

剪辑在时间轴上可以随意移动，默认情况下，"时间轴"面板开启了"在时间轴中对齐" ◯功能，只要移动剪辑，其边缘就会自动与其他剪辑的边缘对齐。这样就能精准地放置剪辑，保证剪辑间没有空隙。

使用"选择工具" ▶将选中的剪辑进行拖曳，能在不同的轨道上下左右地移动，如图2-20所示。

如果想按照帧数精确地移动剪辑，就需要用到剪辑微移的快捷方式。按住Alt键，然后按键盘上的←键或→键，每按一次就会往相应的方向移动1帧，图2-21所示是向右移动5帧的效果。如果按↑键或↓键，则会向上或向下移动一个轨道。

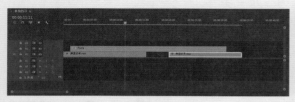

图2-20　　　　　　　　　　　　　　　　　　　图2-21

💡 **提示**

如果向上或向下移动序列时，上方或下方的轨道上有剪辑，则会覆盖这段剪辑中相同长度的部分，如图2-22所示。

图2-22

如果按住Ctrl键移动剪辑，则会将其他轨道的剪辑进行拆分移动，如图2-23所示。而按住Ctrl+Alt键移动剪辑，则会与其他轨道的剪辑对齐，如图2-24所示。

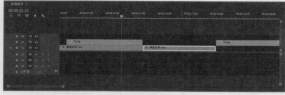

图2-23　　　　　　　　　　　　　　　　　　　图2-24

按快捷键Ctrl+C可以快速复制选中的剪辑，然后按快捷键Ctrl+V粘贴在播放指示器所在的位置，如图2-25所示。

图2-25

如果需要对添加的剪辑进行裁剪，最常用的方式是使用"剃刀工具" ◥（C键）将其拆分。使用"剃刀工具" ◥在剪辑上单击后，会在单击的位置形成分割，将剪辑分为两个剪辑片段，如图2-26所示。当然，也可以继续使用"剃刀工具" ◥在其他需要分割的地方单击，一个剪辑可以分割为很多个片段。

> 💡 **提示**
> 按住Shift键会将同位置上所有轨道的剪辑都进行拆分。

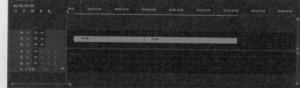

图2-26

除了使用"剃刀工具" ◥外，还可以在选中剪辑的情况下，执行"序列>添加编辑"菜单命令（快捷键Ctrl+K），在播放指示器所在的位置进行拆分，如图2-27所示。

执行"序列>添加编辑到所有轨道"菜单命令（快捷键Ctrl+Shift+K），就可以对所有轨道上的剪辑进行拆分，如图2-28所示。拆分后的剪辑仍然会无缝播放，除非移动了剪辑片段或单独对剪辑片段进行了调整。

图2-27

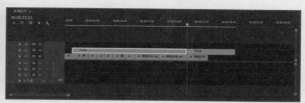

图2-28

> 💡 **提示**
> "序列>添加编辑到所有轨道"的快捷键与搜狗输入法的软键盘冲突，用户可以修改其中一个快捷键。

删除剪辑最简单也最常用的方法是，选中需要删除的剪辑片段，然后按Delete键，如图2-29所示，删除后会在轨道上留下空隙。

除了按Delete键删除剪辑片段外，还可以按快捷键Shift+Delete进行删除。与直接按Delete键不同的是，按快捷键Shift+Delete不仅会将剪辑片段删除，还会自动去掉删除后留下的空隙，如图2-30所示。

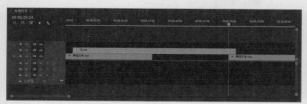

图2-29

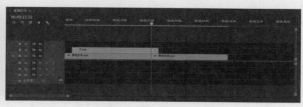

图2-30

分析整理素材

甲方提供的素材有视频和图片两种类型，如图2-31所示。素材的内容都与火锅相关，在制作的过程中，根据效果可随时加入一些新的素材，以丰富画面内容。

图2-31

☞ **镜头脚本**

甲方要求在视频中体现"食材新鲜"和"种类丰富"两个关键点，同时需要有一个"美食分享"的片头。根据素材的内容，简单列出镜头脚本。

镜头序号	镜头描述	素材
镜头一	自制视频封面，体现"美食分享"这个主题（这部分素材由制作者寻找）	
镜头二	引出火锅主题，对环境、锅底、调料等进行展示（这部分使用甲方提供的素材）	
镜头三	展示不同的食材，体现"种类丰富"的主题（这部分使用甲方提供的素材）	
镜头四	展示涮火锅的场景	
镜头五	整体展示火锅和菜品作为结尾	

☞ **音乐素材**

甲方没有提供音乐素材，需要自行寻找合适的音乐。笔者在素材库中寻找到一段节奏轻快的音乐，如图2-32所示。

01.mp4　02.mp4　03.mp4　04.mp4　05.jpg　06.mp4
07.mp4　08.jpg　09.jpg　10.jpg　11.jpg　12.jpg
13.jpg　14.jpg　15.jpg　16.jpg　92051.wav

💡 **提示**
读者如果有喜欢的音乐素材也可以替换。

图2-32

任务实施

任务2.1 火锅宣传片头制作

扫码看教学视频

为了让片头看起来吸引人，需要做得有趣一些，这样能吸引用户继续观看视频。片头在制作上相对复杂，会运用到嵌套序列和轨道遮罩。

1.整理素材

01 打开Premiere Pro，在启动界面中单击"新建项目"按钮 新建项目 ，跳转到"导入"界面，设置"项目名"为"火锅宣传"，然后在"项目位置"中设置项目工程文件的保存位置，并单击右下角的"创建"按钮，此时会跳转到"编辑"界面，如图2-33所示。

02 在"项目"面板中导入已有的素材文件，如图2-34所示。

图2-33

图2-34

📝 知识点：素材箱的使用方法

本例中素材文件比较多，有图片、音频和视频。如果将素材全部摆在一起，不便于查找和选取。素材箱可以将这些素材分门别类，这样操作起来会比较简便。

在"项目"面板的下方有"新建素材箱"按钮，单击该按钮后，会在"项目"面板中创建一个"素材箱"文件夹，如图2-35所示。这个文件夹的名称是可以修改的，这里我们修改为"片头"，然后将所有用于片头的素材放置其中，如图2-36所示。素材箱的名字可按照自己的想法随意设定，可以是镜头的名称，也可以是素材格式的名称，或者其他的命名方式。

按照镜头脚本中的镜头顺序，新建不同的素材箱，将相应的素材文件放置在各素材箱中，查找就会更加方便，如图2-37所示。

图2-35

图2-36

图2-37

2.绘制遮罩

01 新建HD 1080p 25 fps序列，然后在"新建项"下拉菜单中选择"颜色遮罩"选项，在弹出的对话框中设置"宽度"为450，"高度"为1080，如图2-38所示。

图2-38

02 单击"确定"按钮 确定 后，在弹出的"拾色器"对话框中，设置遮罩层的颜色为白色，如图2-39所示。

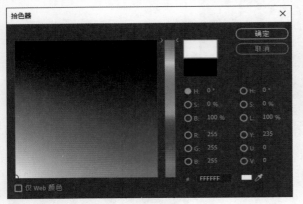

图2-39

💡 **提示**

创建的"颜色遮罩"是作为视频素材的轨道遮罩使用的，最好选择白色。轨道遮罩会按照"黑透白不透"的原则显示素材内容，其原理与Photoshop中的蒙版类似。

03 将11.jpg素材文件移动到V1轨道上，此时画面中图片素材只能显示一部分，如图2-40所示。

图2-40

04 选中该图片的剪辑，单击鼠标右键，在弹出的菜单中选择"缩放为帧大小"选项，如图2-41所示。调整后的效果如图2-42所示。

图2-41

图2-42

05 将白色的"颜色遮罩"移动到V2轨道上，覆盖下方的素材图片，如图2-43和图2-44所示。

图2-43

图2-44

06 在"效果"面板搜索"轨道遮罩键"，然后将其添加到11.jpg剪辑上，在"效果控件"面板中设置"遮罩"为"视频2"，"合成方式"为"Alpha遮罩"，如图2-45所示。效果如图2-46所示。

图2-45

图2-46

知识点：轨道遮罩键

"轨道遮罩键"是Premiere Pro中常用的视频效果，其作用类似于Photoshop中的蒙版。虽然Premiere Pro中可以绘制蒙版，但只能通过绘制多边形或圆形来实现，造型相对简单。"轨道遮罩键"则可以利用丰富的视频内容或图片作为蒙版，画面变化会更丰富。

在使用"轨道遮罩键"时，需要将该效果添加到素材剪辑上，而遮罩剪辑必须在素材剪辑的上方轨道，若在下方轨道则无法选取。图2-47所示是"轨道遮罩键"中的参数。

遮罩：展开下拉菜单，选择遮罩剪辑需放置的轨道。图2-48所示的"视频2"代表V2轨道，"视频3"代表V3轨道。

图2-47　　　　　图2-48

合成方式：有"Alpha遮罩"和"亮度遮罩"两种模式。如果遮罩剪辑自带Alpha通道，就使用"Alpha遮罩"，不带通道就使用"亮度遮罩"。

反向：勾选该选项后，遮罩的方向会相反，如图2-49所示。

图2-49

07 添加遮罩后，会发现显示的区域变小了。选中V1轨道的素材剪辑，设置"缩放"为120，就可以让图片放大到原本的大小，如图2-50所示。

图2-50

3.嵌套序列

01 做好封面其中一个背景后，需要在上面输入文字。使用"文字工具" T 在画面中输入"美"，设置"字体"为"字魂71号-御守锦书"，"字体大小"为220，"填充"为白色，并勾选"阴影"选项，如图2-51所示。

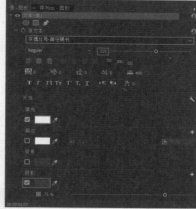

图2-51

> 💡 **提示**
> 读者如果没有安装这个字体，也可以选择其他手写体。

02 在15帧的位置设置"不透明度"为0%，并添加关键帧，然后在20帧的位置设置"不透明度"为100%，这样就形成文字的显现动画，如图2-52所示。

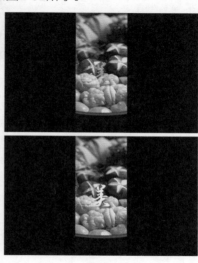

图2-52

03 观察画面还有些单调，将素材文件"圆圈.png"添加到"片头"素材箱中，然后添加到V4轨道上，如图2-53和图2-54所示。

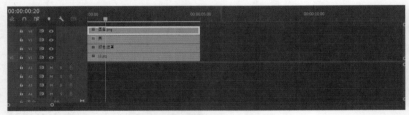

图2-53　　　　　　　　　　　　　　　　　图2-54

04 素材原本的颜色是黑色，需要将其转换为白色。在"效果"面板中搜索"颜色替换"，添加到"圆圈.png"剪辑上，勾选"纯色"选项，然后单击"目标颜色"后的吸取画面中圆圈的深灰色，设置"替换颜色"为白色，如图2-55所示。

05 设置"缩放"为35，将圆圈缩小，使其包裹文字，如图2-56所示。

06 在"效果"面板中搜索"径向擦除"效果添加到"圆圈.png"剪辑上，在1秒05帧的位置设置"过渡完成"为100%，并添加关键帧，然后在1秒10帧的位置设置"过渡完成"为0%，效果如图2-57所示。

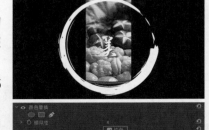

图2-55

图2-56　　　　　　　　　　　　图2-57

07 选中所有轨道上的剪辑，单击鼠标右键，在弹出的菜单中选择"嵌套"选项，在弹出的对话框中修改嵌套序列的名称为"片头"，如图2-58和图2-59所示。

图2-58　　　　　　　　　　　　图2-59

知识点：嵌套序列

　　"嵌套序列"可以简单理解为将选中的剪辑编组。用户可以为整个组添加关键帧和不同的效果，也可以单独为组中的剪辑添加关键帧和不同的效果。编组之后就可以方便整体制作动画，也可以方便替换组中的素材剪辑。如果读者使用过After Effects，可以将之类比为"预合成"。

　　嵌套序列的使用非常灵活，可以一个剪辑成为嵌套序列，也可以多个剪辑成为嵌套序列。

08 选中"片头"剪辑，将其整体移动到画面左侧，如图2-60所示。

09 在剪辑起始位置，向上移出画面并添加关键帧，然后在10帧的位置移回画面，效果如图2-61所示。

图2-60　　　　　　　　　　　图2-61

10 在"项目"面板中选中"片头"嵌套序列，按快捷键Ctrl+C和Ctrl+V复制粘贴，并重命名新的嵌套序列为"片头2"，如图2-62所示。

11 将"片头2"嵌套序列移动到V2轨道上，剪辑的起始位置在10帧处，如图2-63所示。

图2-62　　　　　　　　　　　图2-63

12 双击进入"片头2"嵌套序列，双击"项目"面板中的10.jpg素材文件在"源"监视器中打开。在11.jpg剪辑上单击鼠标右键，在弹出的菜单中选择"使用剪辑替换>从源监视器"选项，就能将剪辑内容进行替换，如图2-64和图2-65所示。

13 修改文本内容为"食"，效果如图2-66所示。

  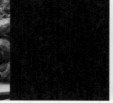

图2-64　　　　　　图2-65　　　　　　图2-66

14 选中"片头2"嵌套序列，将其移动到图2-67所示的位置，然后添加与"片头"相同效果的位移动画，如图2-68所示。

15 按照步骤10~步骤14的方法，制作其他两个嵌套序列，如图2-69所示。

图2-67

图2-68　　　　　　　　　　图2-69

任务2.2 素材剪辑拼接

片头制作完成后，将音乐素材添加到轨道上，并按照节奏点添加其他素材。

扫码看教学视频

1.音频编辑

01 将音频素材添加到A2轨道上，会发现现有的音频超过了项目规定的时长，需要裁掉多余的部分，如图2-70所示。

图2-70

02 播放音频会发现音频有重复的节奏，非常适合剪切后再拼合，这样不会听出明显的节奏变化。在第20秒的位置有个明显的鼓点重音，使用"剃刀工具" ◆ 在这里进行裁剪，如图2-71所示。

图2-71

03 移动播放指示器到2分24秒的位置，音频与之前裁剪位置的音频类似，在这里也裁剪一次，删除中间的音频，并将两段音频拼合，如图2-72所示。

图2-72

04 反复聆听两段音频过渡的效果，灵活调整后半段音频的长度，使音频衔接更加自然，如图2-73所示。

图2-73

💡 **提示**

读者在调整音频长度时要注意，不要超过项目总时长。

2.拼接素材

01 在2秒15帧的位置，片头部分完全显示，将4个嵌套序列的末端缩减到该帧的位置，如图2-74所示。

图2-74

02 将"镜头二"素材箱中的素材文件添加到V1轨道上，如图2-75所示。

图2-75

03 按照音乐的节奏点拉伸或缩放剪辑的长度，如图2-76所示。对应的画面依次如图2-77所示。

图2-76

图2-77

📄 提示

此时若图片素材与帧大小之间不同先不用管，后面精剪时再调整。拉伸或缩减视频类剪辑时，使用"比率拉伸工具"能灵活地加快或减慢素材的播放速度。

04 将"镜头三"素材箱中的素材添加到V1轨道上，并按照节奏点确定剪辑的长短，如图2-78所示。对应的画面依次如图2-79所示。

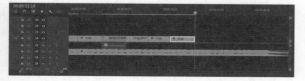

图2-78

图2-79

05 将"镜头四"素材箱中的素材添加到V1轨道上，并按照节奏点确定剪辑的长短，如图2-80所示。效果如图2-81所示。

图2-80

图2-81

06 将"镜头五"素材箱中的素材添加到V1轨道上，并按照节奏点确定剪辑的长短，如图2-82所示。效果如图2-83所示。

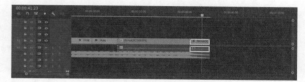

图2-82

图2-83

任务2.3 视频转场及色调调整

拼接完素材后，需要为这些素材添加转场、视频效果、文字内容等。并进行整体调色。这不仅能丰富画面内容，还能让影片更有节奏感。

扫码看教学视频

1. 添加转场

01 选中05.jpg剪辑，在剪辑起始位置设置"缩放"为120，并添加关键帧，这样就能填充画面两侧的黑边。然后在剪辑末尾设置"缩放"为150，效果如图2-84所示。

图2-84

02 07.mp4剪辑本身为镜头推进的画面效果，而紧接着的03.mp4剪辑画面基本上处于静止状态，两者反差过大，用内置的视频过渡效果并不好衔接。新建一个调整图层，然后将其移动到上述两个剪辑的连接位置上方，如图2-85所示。

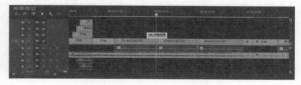

图2-85

03 在"效果"面板中搜索"镜头光晕"添加到调整图层上，然后设置"镜头光晕"的"光晕亮度"为200%，效果如图2-86所示。

图2-86

04 在"光晕中心"和"与原始图像混合"两个参数上添加关键帧，形成光晕从左下到右上的运动，以及光晕由暗到亮再到暗的亮度变化，效果如图2-87所示。这样就形成了亮度变化过渡效果。

图2-87

💡 **提示**

当光晕运动到两个剪辑连接的位置时，光晕的亮度达到最亮。调整图层的长度请读者根据节奏自行调整。

05 03.mp4剪辑镜头运动幅度很小，需要在剪辑的起始位置添加"缩放"关键帧，然后在剪辑末尾设置"缩放"为130，如图2-88所示。

图2-88

06 在03.mp4剪辑和02.mp4剪辑中间，添加"交叉溶解"过渡效果，设置"持续时间"为15帧，如图2-89所示。效果如图2-90所示。

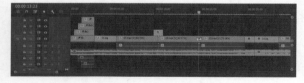

图2-89

图2-90

07 在02.mp4剪辑和12.jpg剪辑中间也添加"交叉溶解"过渡效果，设置"持续时间"为10帧，如图2-91所示。效果如图2-92所示。

08 12.jpg剪辑的两侧还存在黑边，设置"缩放"为120消除黑边，如图2-93所示。

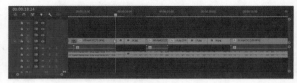

图2-91

图2-92　　　　　　　　　图2-93

09 12.jpg剪辑和14.jpg剪辑是镜头二与镜头三转换的两个剪辑，复制调整图层剪辑，移动到两个剪辑连接处的上方作为转场，如图2-94所示。效果如图2-95所示。

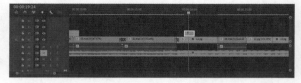

图2-94

图2-95

10 选中14.jpg剪辑，在剪辑起始位置设置"缩放"为150，并添加关键帧，然后在剪辑末尾设置"缩放"为120，效果如图2-96所示。

图2-96

11 在14.jpg剪辑和06.mp4剪辑之间添加"带状内滑"过渡效果，设置方向为"自南向北"，持续时间为10帧，"带数量"为2，效果如图2-97所示。

图2-97

12 06.mp4剪辑的画面没有明显的变化。在剪辑起始位置添加"缩放"关键帧，然后在剪辑末尾设置"缩放"为110%，效果如图2-98所示。

图2-98

13 在06.mp4剪辑和13.jpg剪辑之间添加"急摇"过渡效果，设置"持续时间"为10帧，效果如图2-99所示。

14 13.jpg剪辑的两侧还有黑边，设置"缩放"为120%消除黑边，如图2-100所示。

图2-99　　　　　　　　图2-100

15 在13.jpg和15.jpg剪辑之间添加"划出"过渡效果，并设置15.jpg剪辑的

"缩放"为120%消除黑边，效果如图2-101所示。

图2-101

16 在15.jpg和16.jpg剪辑之间添加"推"过渡效果，并设置16.jpg剪辑的"缩放"为120%消除黑边，效果如图2-102所示。

图2-102

17 16.jpg剪辑和01.mp4剪辑之间是镜头三与镜头四的连接处，同样复制调整图层的剪辑并移动到两个剪辑中间位置的上方，如图2-103所示。效果如图2-104所示。

图2-103

图2-104

18 在01.mp4剪辑和04.mp4剪辑之间添加"交叉溶解"过渡效果，如图2-105所示。效果如图2-106所示。

图2-105

图2-106

19 在04.mp4剪辑的末尾添加"黑场过渡"过渡效果，配合音乐的音量逐渐让画面消失，如图2-107所示。至此，视频的转场部分就全部完成了。

图2-107

2.画面调色

01 创建一个默认大小的调整图层，并将其放置在V3轨道上，末尾与素材剪辑对齐，如图2-108所示。

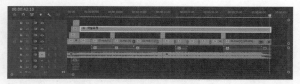

图2-108

02 在"效果"面板中搜索"Lumetri颜色"效果，如图2-109所示，将其添加到"调整图层"剪辑上。

图2-109

03 执行"窗口>Lumetri颜色"菜单命令，打开"Lumetri颜色"面板，在"基本校

正"卷展栏中设置"色温"为20.5，"曝光"为0.3，"对比度"为12.3，"高光"为15.8，"阴影"为-13.5，"白色"为17，如图2-110所示。

图2-110

04 在"创意"卷展栏中设置"淡化胶片"为25.1，"自然饱和度"为17，如图2-111所示。

图2-111

05 在"晕影"卷展栏中设置"数量"为-1，如图2-112所示。添加晕影后，视线会更加集中在画面的中心位置。

图2-112

06 调色后画面还是显得有些平淡。添加"粒子.mp4"素材到V4轨道上，并复制多个来达到与下方的剪辑长度基本相同的目的，如图2-113所示。添加后的效果如图2-114所示。

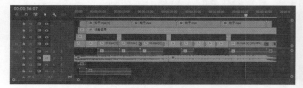

图2-113

图2-114

07 选中"粒子.mp4"剪辑，设置"混合模式"为"滤色"，如图2-115所示。

图2-115

3.添加文字

01 使用"垂直文字工具"在07.mp4剪辑上输入文字"火锅"，设置"字体"为"字魂71号-御守锦书"，"字体大小"为220，"填充"为白色，并勾选"阴影"选项，如图2-116所示。

图2-116

02 在文字剪辑的"不透明度"参数上添加关键帧，形成逐渐显示和逐渐消失的动画效果，如图2-117所示。效果如图2-118所示。

图2-117

图2-118

03 将文字剪辑复制一份，移动到V5轨道中14.jpg剪辑的上方，修改文字内容为"食材新鲜"，调整为横排排列，如图2-119所示。效果如图2-120所示。

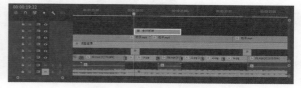

图2-119

图2-120

04 将"食材新鲜"的剪辑向右复制一份，修改内容为"种类丰富"，如图2-121所示。效果如图2-122所示。

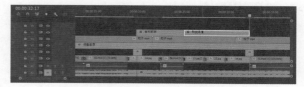

图2-121

图2-122

05 将"火锅"剪辑复制一份移动到"种类丰富"剪辑的右侧，修改内容为"巴适"，如图2-123所示。效果如图2-124所示。

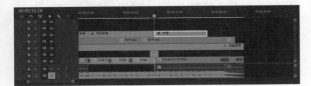

图2-123

图2-124

💡 **提示**

复制的文字剪辑都带有"不透明度"关键帧，可以形成文字显示动画效果，根据剪辑的长度灵活调整关键帧的位置即可。

任务2.4 影片输出制作

影片制作完成后，按空格键整体播放一遍，检查有没有需要调整的地方。如果没有的话，就可以将其输出为影片格式的文件，提交给项目方。

扫码看教学视频

1.封面设置

01 需要在时间轴中单独选择一帧作为视频的封面。移动播放指示器到2秒14帧的位置，如图2-125所示。这一帧画面可以作为视频的封面。

图2-125

02 在"节目"监视器下方单击"导出帧"按钮📷，在弹出的对话框中设置"名称"为"封面"，"格式"为JPEG。单击"浏览"按钮选择输出文件的路径后，单击"确定"按钮 确定 就能输出该帧图片，如图2-126所示。

图2-126

2.导出设置

01 单击上方的"导出"按钮 导出 ，切换到"导出"界面，然后设置"文件名""位置"和"格式"等，如图2-127所示。

图2-127

💡 **提示**

项目要求输出MP4格式，"格式"菜单中的H.264就对应该格式。

02 设置完成后，单击界面右下角的"导出"按钮 导出 ，就可以导出视频，如图2-128所示。

图2-128

03 导出完成后，在之前设置的输出路径中能找到该文件，如图2-129所示。

图2-129

项目总结与评价

☞ 设计总结

☞ 项目评价

分析整理素材	能够说出Premiere Pro 制作视频的流程	5		
	能够根据提供的素材列出简单的镜头脚本	5		
片头制作	能利用素材箱对不同类型素材进行整理分类	5		
	能够使用"新建项目"按钮新建HD 1080p 25 fps序列	5		
	能够使用"新建项"创建"颜色遮罩"	5		
	能够使用"缩放为帧大小"选项调整素材大小	5		
	能够使用"轨道遮罩键"为视频添加遮罩效果	10		
	能够使用"嵌套"选项嵌套序列	5		
	能够利用"使用剪辑替换>从源监视器"选项替换嵌套序列内容	5		
视频粗剪	能够对提供的素材进行粗剪	5		
	能够根据音乐节奏,使用"剃刀工具"裁剪音频	5		
	能够使用"比率拉伸工具"灵活调整视频播放速度	5		
视频精剪	能够使用"镜头光晕"为视频添加转场效果	5		
	能够通过设置"缩放"来消除视频黑边	5		
	能够使用"窗口>Lumetri颜色"菜单命令为视频调色	5		
	能够设置"混合模式"为视频去除黑色背景	5		
	能够通过添加"不透明度"关键帧来制作文字显示动画	5		
影片输出	能够使用"导出帧"按钮导出指定图片来制作封面	5		
	能够使用"导出"按钮导出MP4格式的视频	5		
总计		100		

拓展训练：民宿宣传短视频制作

一家民宿店铺希望制作一段时长在20秒以内的宣传视频，用于线上平台进行宣传。运用提供的视频、图片和音频素材制作横屏的视频文件。

☞ 习题要求

◇ 视频主题：民宿宣传视频
◇ 分辨率：1080p
◇ 视频格式：MP4
◇ 视频时长：20秒以内
◇ 视频要求：添加音乐和文字
◇ 视频版式：横屏

☞ 步骤提示

① 打开Premiere Pro，新建项目并导入照片、装饰物和背景音乐。
② 新建HD 1080p 25 fps序列，并将音乐素材添加到"时间轴"面板中。
③ 将视频素材和照片素材添加到时间轴上，并按照音乐节奏调整剪辑的长度。
④ 添加片头文字，并与第一个剪辑一起转换为嵌套序列。
⑤ 在片头和照片剪辑之间添加"白场过渡"效果。
⑥ 在照片剪辑之间添加"带状擦除"和"内滑"效果。
⑦ 预览整个视频文件，无误后导出，输出格式为MP4。

Premiere Pro

项目三

新婚故事，现在开始

婚礼开场视频制作

项目介绍

☞ **情境描述**

　　婚礼开场的短视频是婚礼现场必不可少的部分，不仅能吸引宾客的注意力，还能起到烘托现场气氛的作用。某婚礼策划工作室发来一项制作婚礼开场短视频任务，本项目需要根据甲方提供的婚纱照和要求剪辑一段90秒以内的婚礼开场短视频，用来在现场进行播放。

　　本任务要求将文字转换为音频、添加视频效果、添加轨道遮罩等方式来制作；使用Premiere Pro结合音频节奏对视频进行剪辑，打造舒缓柔和的婚礼开场短视频；最后完成源文件的命名与文件的归档工作，确保所有文件都能被有序、高效地管理和检索。

☞ **任务要求**

　　根据任务的情境描述，在16小时内完成婚礼开场短视频的剪辑与包装任务。

　　① 根据任务要求，制作简要脚本，确定视频风格类型、表现形式、配色方案等，要求主题突出、立意正确。

　　② 在制作过程中，准确进行视频效果制作、视频过渡效果制作、文本添加及视频调色，要求视频画面比例和谐、氛围温馨美满、节奏舒缓柔和。

　　③ 视频分辨率不小于1080p，帧速率不小于25帧/秒，格式为MP4，时长在90秒以内，版式为横屏。

　　④ 根据工作时间和交付要求，整理、输出并提交符合客户要求的文件。

　　◇ 一份PRPROJ格式的视频剪辑源文件。

　　◇ 一份MP4格式的展示视频。

学习技能目标

◇ 能够说出婚庆类视频的制作思路。

◇ 能够根据提供的素材列出简单的镜头脚本。

◇ 能够根据视频类型搭配合适的背景音乐。

◇ 能够使用"剪映"软件将文字转换成语音。

◇ 能够使用素材箱将素材进行归类整理。

◇ 能够使用"新建项目"按钮新建HD 1080p 25 fps序列。

◇ 能够使用"剃刀工具"对音频进行裁剪。

◇ 能够对提供的素材进行粗剪。

◇ 能够将图片剪辑转换为嵌套序列。

◇ 能够使用"矩形工具"绘制一个白色圆角矩形作为素材遮罩并调整其参数。

◇ 能够为图片添加"轨道遮罩键"效果。

◇ 能够使用"项目"面板复制嵌套序列。
◇ 能够利用"使用剪辑替换"选项，替换嵌套序列内容。
◇ 能够使用"湍流置换"效果为文字剪辑添加效果。
◇ 能够掌握效果预设的创建和调用方法。
◇ 能够使用"相机模糊"添加视频效果。
◇ 能够使用"取消链接"选项，将视频轨道与音频轨道分成独立的两部分。
◇ 能够使用"导出"按钮导出MP4格式的视频。

项目知识链接

　　动画关键帧是制作动画的基础，本项目讲解如何创建关键帧、调整关键帧的插值及调整运动曲线。

扫码看教学视频

关键帧的概念

　　在早期的胶片电影中，电影是由一张张胶片连续播放形成的，每一张胶片可以称为"帧"。日常所播放的视频也是由这些帧不断变化组成的。

　　在Premiere Pro中，我们在素材上记录一帧的形态，记录的过程就是添加关键帧，在后面的某个时间点上再添加一个关键帧，记录这两个时间点的素材形态通过Premiere Pro软件的运算，就能生成这两个关键帧中间的动画状态（也叫中间帧），如图3-1所示。

　　在"效果控件"面板中，如果看到参数的前方出现"切换动画"按钮，就代表该参数是可以被记录关键帧形成动画效果的，如图3-2所示。

关键帧
手动记录　　中间帧
Premiere Pro自动生成　　关键帧
手动记录

图3-1

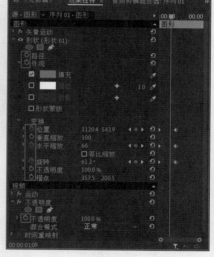

图3-2

添加/跳转/删除关键帧

　　在"效果控件"面板中单击参数前的"切换动画"按钮，使其呈蓝色高亮状态，就代表该参数添加了关键帧，而且在右侧会出现"添加/移除关键帧"按钮，如图3-3所示。

扫码看教学视频

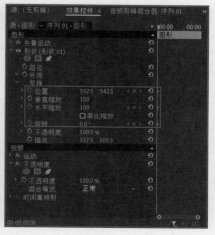

图3-3

当"切换动画"按钮处于高亮状态时，移动播放指示器的位置，并修改按钮所对应的参数数值，会自动添加新的关键帧，如图3-4所示。

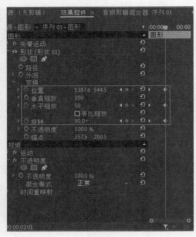

图3-4

移动播放指示器的位置，就能转到其他关键帧位置，但直接拖动播放指示器的方法不够精准。单击"转到上一关键帧"按钮◀或"转到下一关键帧"按钮▶，就能快速且精准地跳转到相应关键帧的位置，如图3-5所示。

图3-5

💡 **提示**

在"转到上一关键帧"按钮◀和"转到下一关键帧"按钮▶中间的按钮是"添加/移除关键帧"按钮，单击这个按钮，会添加当前参数的关键帧或移除当前位置的关键帧。

最简单的删除添加的关键帧方法是选中该关键帧，然后按Delete键，如图3-6所示。如果整个参数的关键帧都不再需要了，单击高亮的"切换动画"按钮，在弹出的图3-7所示的对话框中单击"确定"按钮，即可删除该参数的所有关键帧，如图3-8所示。

图3-6

图3-7

图3-8

💡 **提示**

相同的控件效果关键帧只需要制作一次，复制给其他剪辑就能生成同样的效果。

选中处理后的剪辑，按快捷键Ctrl+C复制整个剪辑和控件效果，然后选中需要同样效果的剪辑，按快捷键Ctrl+Alt+V粘贴，此时会弹出"粘贴属性"对话框，如图3-9所示。在对话框内就可以选择需要粘贴的属性，单击"确定"按钮后就能实现效果的复制，而不会复制原有的剪辑。

图3-9

临时插值

扫码看教学视频

在"位置"参数添加的关键帧上单击鼠标右键，在弹出的菜单中可以找到"临时插值"选项，如图3-10所示。"临时插值"中的选项用于控制关键帧的速度趋势，控制动画的运动快慢变化。

图3-10

线性： 默认情况下关键帧都以"线性"形式呈现，代表动画为匀速运动。

贝塞尔曲线/自动贝塞尔曲线/连续贝塞尔曲线： 这3种类型代表动画会非匀速运动，形成有缓起缓停等效果的速度变化。通过调节贝塞尔曲线的走势，可以控制速度的变化。

定格： 这种类型代表动画呈现静帧效果。

缓入： 这种类型代表动画的速度逐渐加快。

缓出： 这种类型代表动画的速度逐渐减慢。

空间插值

扫码看教学视频

"空间插值"只存在于"位置"参数中，调节不同的插值方式，会让素材在画面中运动的路径产生不同的变化效果，图3-11所示是"空间插值"的类型。

图3-11

线性： 这种类型代表素材在画面中以直线形式进行移动，如图3-12所示。可以观察到，图中蓝色的线条代表素材运动的路径。

贝塞尔曲线： 这种类型代表素材在画面中以贝塞尔曲线形式移动，且曲线的控制柄可以单独调节曲线的角度，如图3-13所示。

图3-12　　　　　　图3-13

自动贝塞尔曲线： 由系统根据对象运动轨迹自动生成贝塞尔曲线。生成的曲线不能单独调节其中某个部分，如图3-14所示。

连续贝塞尔曲线： 与自动贝塞尔曲线相似，但生成的曲线可以单独对某个部分进行更精确的调节，如图3-15所示。

图3-14　　　　　　图3-15

速度曲线

扫码看教学视频

设置"临时插值"后，就可以调节参数的速度曲线，不同的曲线形式会呈现不同的速度变化。展开参数前的按钮，就可以在右侧观察到速度曲线，如图3-16所示。Premiere Pro会根据曲线的斜率确定运动速度的快慢。当曲线斜率变大时，运动的速度会变快，当曲线斜率变小时，运动的速度会变慢。下图中呈现速度逐渐加快后又逐渐减慢的运动效果。

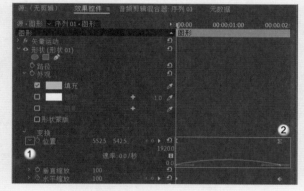
图3-16

调节控制柄就能控制不同的速度变化。图3-17所示是速度突然加快又突然减慢，最后缓慢停止的运动效果。

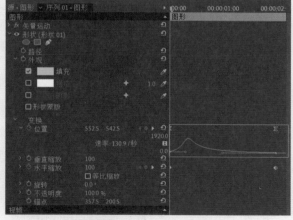
图3-17

💡 **提示**

当"临时插值"为"线性"或"定格"时，速度曲线保持一条水平的直线不变，无法调节速度。

关键帧属性

扫码看教学视频

"位置""缩放""旋转""锚点""不透明度""蒙版""混合模式"这些属性是每种类型的素材都会具备的基本属性。

位置：用于确定素材在画面中的坐标位置，在时间轴上添加"位置"关键帧就能形成位移动画，如图3-18所示。

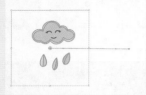

图3-18

缩放：用于控制素材的大小。默认情况下"缩放"属性是等比例缩放素材的大小，当取消勾选"等比缩放"选项后，就会激活"缩放高度"和"缩放宽度"两个参数，此时就可以单独缩放素材的宽或高，如图3-19所示。

图3-19

旋转：用于控制素材旋转的角度，其原理是将素材围绕锚点进行旋转，如图3-20所示。在"效果控件"面板中可以精确设置素材旋转的角度。

图3-20

💡 **提示**

当旋转的角度大于360°时，"旋转"参数会显示为$n \times n°$（$n \geqslant 1$）的形式。例如，1250°会显示为3×170°，如图3-21所示。

图3-21

锚点：用于确定素材的中心点位置。"缩放"和"旋转"两个属性会以"锚点"所在的位置为素材的中心进行缩放或旋转，如图3-22所示。

图3-22

不透明度：调节"不透明度"属性会让素材形成半透明状态，与下层的画面产生混合的效果，如图3-23所示。当"不透明度"为100%时，剪辑会完全显示；当"不透明度"为0%时，剪辑会完全隐藏。

图3-23

蒙版：与其他软件的蒙版一样，Premiere Pro的蒙版也是选取素材的局部与底层的素材进行混合。Premiere Pro的蒙版包括椭圆蒙版、4点多边形蒙版和自由绘制贝塞尔曲线蒙版3种类型，如图3-24所示。

椭圆

4点多边形

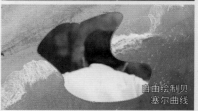
自由绘制贝塞尔曲线

图3-24

混合模式：将剪辑与下层轨道的剪辑通过不同的模式进行混合，包含27种混合模式，部分模式如图3-25所示。其使用方法与Photoshop中图层的混合模式完全一致。

图3-25

分析整理素材

甲方提供的素材只有婚纱照，如图3-26所示。在制作时，需要寻找一段舒缓柔和的背景音乐，同时需要制作一段语音，烘托现场的气氛。

图3-26

☞ 镜头脚本

根据素材的内容，简单列出镜头脚本。

镜头序号	镜头描述	素材
镜头一	自制封面，通过文字突出视频的主题	无
镜头二	语音和文字烘托气氛	故事的开头 往往是两条平行线 是经过是交错 谁向谁靠近 谁闯入了谁的故事情节 放弃了周遭的你你我我 决定了身边的从今以后
镜头三	展示婚纱照	
镜头四	显示结尾文字	故事，现在开始……

☞ 音频素材

甲方没有提供背景音乐素材，需要自行寻找合适的音乐。笔者在素材库中寻找到一段节奏舒缓的音乐，如图3-27所示。

> 💡 **提示**
>
> 读者如果有喜欢的音乐素材也可以替换。

图3-27

现在只有语音的文字内容，而没有语音的音频文件。如果有专业配音人员，可以单独录制一段配音。如果没有专业配音人员，则可以利用AI语音功能生成音频。

本书在这一步使用"剪映"软件中的"图文成片"功能，将文字内容复制到输入框中，然后选择了"文艺男声"的语音，如图3-28所示。

单击"生成视频"后，就能随机生成一段视频，如图3-29所示。删掉背景音乐，然后在"导出"窗口中输出音频文件，如图3-30和图3-31所示。

图3-28

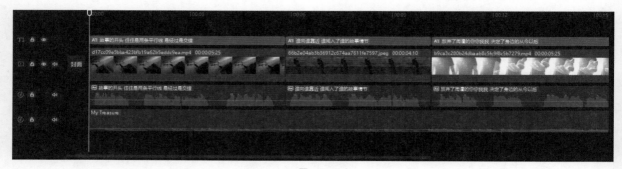

图3-29

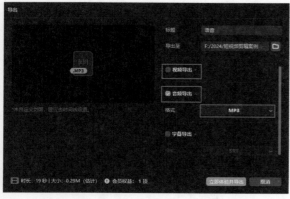

图3-30

> 💡 **提示**
>
> 除了使用剪映外，读者还可以使用Edge浏览器的文字转语音功能生成音频。

图3-31

任务实施

任务3.1 音频制作

扫码看教学视频

　　现有的语音音频是连续朗读的状态。我们需要根据背景音乐的节奏，将语音音频拆分，使每一句话分别卡在背景音乐的节奏点，方便后期制作相对应的文字和动画。

1.整理素材

01 打开Premiere Pro，在启动界面中单击"新建项目"按钮 新建项目 ，跳转到"导入"界面，设置"项目名"为"婚礼开场"，然后在"项目位置"中设置项目工程文件的保存位置，并单击右下角的"创建"按钮 创建 ，如图3-32所示，此时界面会跳转到"编辑"界面。

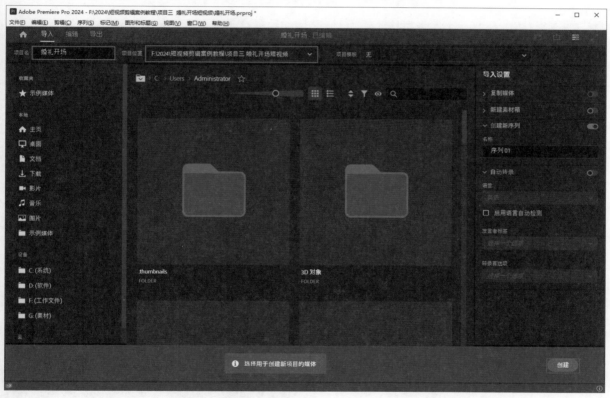

图3-32

02 在"项目"面板中导入已有的素材文件，如图3-33所示。

图3-33

03 按照素材的类型新建素材箱，并将素材进行归类整理，如图3-34所示。

图3-34

2.音频剪切

01 新建HD 1080p 25 fps序列，然后将20884.wav素材文件移动到A2轨道上，如图3-35所示。

02 现有的背景音乐明显超过了要求的90秒长度，需要进行裁剪。移动播放指示器到1分20秒的位置，此时音乐的声音变小，节奏在后面会产生变化，适合作为裁剪的位置。使用"剃刀工具" ◢ 在1分20秒处进行裁剪，并删掉后半段，如图3-36所示。

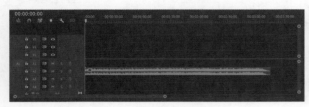

图3-35   图3-36

03 将"语音音频.mp3"素材移动到A1轨道上，如图3-37所示。

04 根据语音的断句，将整段剪辑裁剪为单独的多段剪辑，然后按照背景音乐的节奏，移动单个剪辑的位置，如图3-38所示。

图3-37   图3-38

任务3.2　视频中添加文字和照片

片头制作完成后，将音乐素材添加到轨道上，并根据节奏点位添加其他镜头的素材。

扫码看教学视频

1.添加文字

01 根据第一段语音的内容，输入文字"故事的开头"，然后设置"字体"为"汉仪清雅体简"，"字体大小"为150，"填充"为白色，如图3-39所示。

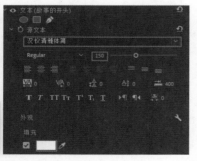

图3-39

02 按照上一步的方法，对应输入其他语音的文字内容，如图3-40所示。

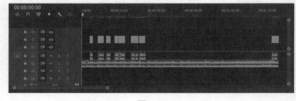

图3-40

03 序列开始没有任何画面，复制一份文字剪辑，修改内容为"将故事写成我们"，修改"字体大小"为200，如图3-41所示。

图3-41

04 继续在上一层的轨道上复制相同长度的文字剪辑，修改文字内容为"新郎♥新娘"，"文本大小"为100，如图3-42所示。

图3-42

2.添加照片

01 将04.jpg素材文件添加到V2轨道上，然后调整图片的大小至与画面相同，如图3-43和图3-44所示。

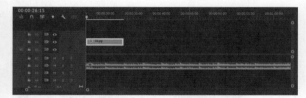

图3-43

图3-44

02 将图片剪辑转换为嵌套序列（默认名为"嵌套序列01"），使用"矩形工具" ▢绘制一个白色的圆角矩形，使其覆盖整个画面，如图3-45所示。

图3-45

03 在图片剪辑上添加"轨道遮罩键"效果，设置白色的圆角矩形为照片素材的遮罩，效果如图3-46所示。

图3-46

04 将白色遮罩剪辑向上一层轨道复制一个，然后取消勾选"填充"选项，勾选"描边"选项，设置"描边（宽度）"为15，"描边方式"为"内侧"，如图3-47所示。这样就形成相框的样式了。

图3-47

05 返回序列，设置"嵌套序列01"的"缩放"为70%，画面效果如图3-48所示。

图3-48

06 使用"文字工具" T在画面右下方输入文字love&peace，设置"字体"为Segoe Print，"字体大小"为80，"填充"为白色，如图3-49所示。

图3-49

07 将"嵌套序列01"整体向左移动一些，使画面看起来更加平衡，如图3-50所示。

图3-50

08 将06.jpg素材文件添加到"嵌套序列01"的后方，并调整素材，如图3-51和图3-52所示。

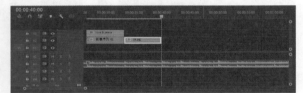

图3-51

图3-52

09 将07.jpg素材文件添加到06.jpg的后方，然后调整素材，如图3-53和图3-54所示。

图3-53

图3-54

10 将07.jpg转换为嵌套序列，然后使用"矩形工具"▣在素材文件上层绘制一个白色圆角矩形，如图3-55所示。

图3-55

11 将白色圆角矩形作为素材文件的遮罩，效果如图3-56所示。

图3-56

12 将圆角矩形复制一份，修改为线框效果，如图3-57所示。

图3-57

13 返回序列，设置"嵌套序列02"的"缩放"为70%，然后移动到画面的左侧，如图3-58所示。

图3-58

14 在"项目"面板中复制"嵌套序列02"生成"嵌套序列03"，然后将其移动到"嵌套序列02"上方的轨道上，如图3-59所示。

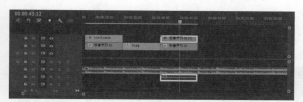

图3-59

15 在"嵌套序列03"中将07.jpg素材文件替换为08.jpg素材文件，如图3-60所示。

图3-60

16 在序列中移动"嵌套序列03"到画面右侧，如图3-61所示。

图3-61

17 复制"嵌套序列01"生成"嵌套序列04"，然后将04.jpg素材文件替换为10.jpg素材文件，如图3-62所示。

图3-62

18 将love&peace文字剪辑复制一份，移动到画面左侧，然后将"嵌套序列04"移动到画面右侧，如图3-63所示。

图3-63

19 将02.jpg素材文件添加到V2轨道上，并缩放图片，如图3-64所示。

图3-64

20 在"项目"面板复制"嵌套序列04"生成"嵌套序列05"，如图3-65所示。

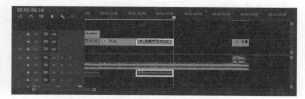

图3-65

21 在"嵌套序列05"中将10.jpg素材文件替换为09.jpg素材文件，如图3-66所示。

22 在"项目"面板复制"嵌套序列05"生成"嵌套序列06"，将其移动到"嵌套序列05"上方，如图3-67所示。

图3-66

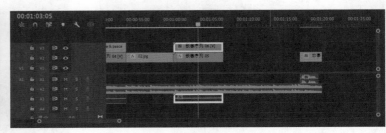

图3-67

23 在"嵌套序列06"中将素材替换为05.jpg素材文件，然后在序列中移动两个嵌套序列的位置，如图3-68所示。

24 将剩余的03.jpg素材文件和01.jpg素材文件添加到V2轨道上，并缩放图片，如图3-69和图3-70所示。

图3-68

图3-69

图3-70

任务3.3 视频特效与转场效果设置

扫码看教学视频

　　拼接完素材后，需要为这些素材添加转场和视频效果，必要时还可添加一些装饰素材。这不仅能丰富画面内容，还能让影片的节奏不那么平淡。

1.文字效果

01 文字剪辑的效果稍微复杂一些，需要制作多种类型的效果相互叠加。在"效果"面板中搜索"块溶解"，并将效果添加到"将故事写成我们"剪辑上，然后在剪辑起始位置设置"过渡完成"为100%并添加关键帧，在1秒位置设置"过渡完成"为0%。图3-71所示是"过渡完成"为40%的效果。

02 添加"块溶解"后文字出现细碎的方块效果，搜索"杂色"效果并将其添加到剪辑上，设置"杂色数量"为100%，如图3-72所示。

图3-71

图3-72

03 添加"湍流置换"效果到文字剪辑上，然后在"偏移（湍流）"和"演化"上添加关键帧，形成湍流动画，如图3-73所示。

💡 提示

"偏移（湍流）"和"演化"关键帧需要设置在剪辑的两端，具体参数不做具体规定，可以随意设置。

图3-73

04 将"抽帧"效果添加到文字剪辑上，设置"帧速率"为18，就能形成跳帧的动画效果，如图3-74所示。

图3-74

📝 知识点：保存效果预设

文字动画所需要的效果都是相同的，将这些效果变成预设，就可以在其他文字剪辑上快速应用。

按住Ctrl键从上到下逐个选择添加的效果，然后单击鼠标右键，在弹出的菜单中选择"保存预设"选项，在弹出的对话框中对预设进行命名，如图3-75和图3-76所示。这一步需要注意，选择的时候一定要从上到下按顺序选择，不能随机选择或跳过其中的某些效果。在保存预设时会按照我们选择的顺序进行保存，而效果之间会存在叠加效果，不同的顺序会产生不同的效果。

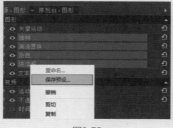

图3-75   图3-76

保存之后，在"效果"面板的"预设"卷展栏中就可以找到保存好的预设，如图3-77所示。将预设拖曳到其他剪辑上，就能直接应用该效果。

图3-77

05 选中其他文字剪辑，然后添加预设的效果，如图3-78所示。

图3-78

2.图片效果

01 选中"嵌套序列01"剪辑，在剪辑起始位置设置"缩放"为50，并添加关键帧，然后在28秒15帧的位置设置"缩放"为70，动画效果如图3-79所示。

02 选中06.jpg剪辑，在剪辑起始位置设置"缩放"为140，并添加关键帧，然后在剪辑末尾位置设置"缩放"为120，动画效果如图3-80所示。

图3-79 图3-80

💡 **提示**

缩放动画的速度可以保持匀速，也可以调整为由快到慢。

03 选中"嵌套序列02"，在43秒09帧的位置添加"位置"关键帧，然后在剪辑起始位置向上移动剪辑到画面外，动画效果如图3-81所示。

04 选中"嵌套序列03"，也在43秒09帧的位置添加"位置"关键帧，然后在剪辑起始位置向下移动剪辑到画面外，动画效果如图3-82所示。

图3-81 图3-82

💡 **提示**

如果这一步读者想将位置动画的速度调整为非匀速动画，在选中"位置"关键帧后，单击鼠标右键，选择"临时插值"中的"缓入"和"缓出"选项，就可以调整速度曲线。

05 选中"嵌套序列04"，在49秒05帧的位置添加"位置"关键帧，然后在剪辑起始位置向右移动剪辑到画面外，动画效果如图3-83所示。

06 选中02.jpg剪辑，在剪辑起始位置添加"缩放"关键帧，然后在剪辑末尾设置"缩放"为140，动画效果如图3-84所示。

图3-83 图3-84

07 选中"嵌套序列05"，在1分02秒16帧的位置添加"位置"关键帧，然后在剪辑起始位置向左移动剪辑到画面外，同理"嵌套序列06"需要向右移动到画面外，动画效果如图3-85所示。

图3-85

08 在03.jpg剪辑上添加"相机模糊"效果，在剪辑起始位置设置"百分比模糊"为50，并添加关键帧，然后在1分08秒10帧的位置设置"百分比模糊"为0，动画效果如图3-86所示。

09 在01.jpg剪辑上同样添加"相机模糊"效果，在1分15秒21帧的位置设置"百分比模糊"为0，并添加关键帧，然后在剪辑末尾位置设置"百分比模糊"为50，动画效果如图3-87所示。

图3-86 图3-87

3.添加元素

01 制作完动画效果后，基本达到甲方所需要的效果，但画面还是较为平淡，需要添加一些装饰元素来丰富画面。导入素材文件"老电影.mp4"，放置于所有文本和图片轨道的下方作为背景，如图3-88所示。

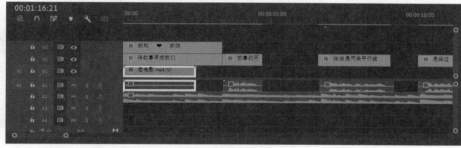

图3-88

02 "老电影.mp4"剪辑的长度很短，需要复制多份拼接起来。按住Alt键向右移动剪辑的时候，会发现剪辑自带的音频轨道会覆盖语音音频的轨道。此时选中"老电影.mp4"剪辑，单击鼠标右键，在弹出的菜单中选择"取消链接"选项，就可以将视频轨道与音频轨道分成独立的两部分，然后删掉多余的音频轨道，如图3-89和图3-90所示。

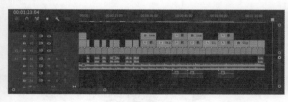

图3-89 图3-90

03 复制多份"老电影.mp4"剪辑，使其与整个序列中的剪辑对齐，如图3-91所示。效果如图3-92所示。

图3-91 图3-92

04 添加背景后，照片部分还是显得有些单调。将"老电影.mp4"剪辑向上复制到文字剪辑和图片剪辑的上方，然后设置"混合模式"为"滤色"，如图3-93所示。效果如图3-94所示。

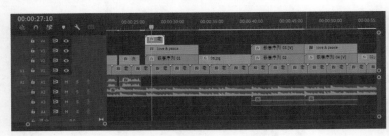

图3-93   图3-94

05 将调整为"滤色"的剪辑复制多份，覆盖下方所有剪辑，如图3-95所示。效果如图3-96所示。至此，本案例制作完成。

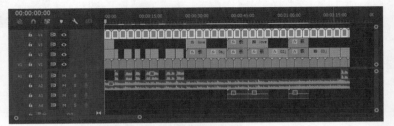

图3-95

图3-96

任务3.4 **影片输出**

影片制作完成后，按空格键整体播放一遍，检查有没有需要调整的地方，如果没有的话，就可以将其输出为影片格式的文件，提交给项目方。

扫码看教学视频

01 单击上方的"导出"按钮 导出 ，切换到"导出"界面，然后设置"文件名""位置""格式"等，如图3-97所示。

02 设置完成后，单击界面右下角的"导出"按钮 导出 ，就可以导出视频，如图3-98所示。

图3-97   图3-98

03 导出完成后，在设置的输出路径中就能找到该文件，如图3-99所示。

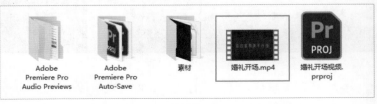

图3-99

项目总结与评价

☞ 设计总结

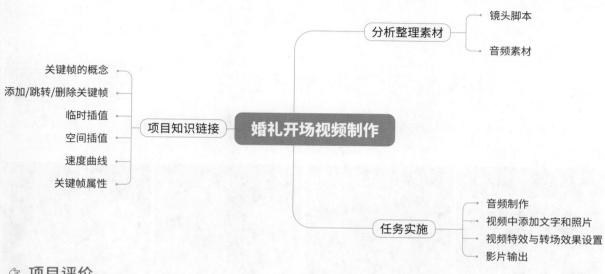

☞ 项目评价

分析整理素材	能够说出婚庆类视频的制作思路	5		
	能够根据提供的素材列出简单的镜头脚本	5		
	能够根据视频类型搭配合适的背景音乐	5		
	能够使用"剪映"软件将文字转换成语音	5		
音频制作	能够使用素材箱将素材进行归类整理	5		
	能够使用"新建项目"按钮新建HD 1080p 25 fps序列	5		
	能够使用"剃刀工具"对音频进行裁剪	5		
视频粗剪	能够对提供的素材进行粗剪	5		
	能够将图片剪辑转换为嵌套序列	5		
	能够使用"矩形工具"绘制一个白色圆角矩形作为素材遮罩并调整其参数	5		
	能够为图片添加"轨道遮罩键"效果	10		
	能够使用"项目"面板复制嵌套序列	5		
	能够利用"使用剪辑替换"选项，替换嵌套序列内容	5		
视频精剪	能够使用"湍流置换"效果为文字剪辑添加效果	5		
	能够掌握效果预设的创建和调用方法	5		
	能够使用"相机模糊"添加视频效果	10		

		分值		
视频精剪	能够使用"取消链接"选项，将视频轨道与音频轨道分成独立的两部分	5		
影片输出	能够使用"导出"按钮导出MP4格式的视频	5		
总计		**100**		

拓展训练：婚礼电子请柬

扫码看教学视频

　　一对新人希望制作一份婚礼电子请柬，用于邀请亲朋好友参加婚礼。需要制作为竖屏形式，有音乐和提供的婚纱照，文字信息需要标注婚礼的时间和地点。

☞ 习题要求

◇ 视频主题：婚礼电子请柬
◇ 分辨率：1080p
◇ 视频格式：MP4
◇ 视频时长：20秒以内
◇ 视频要求：添加图片、音乐和文字信息
◇ 视频版式：竖屏

☞ 步骤提示

① 打开Premiere Pro，新建项目并导入照片和背景音乐。
② 新建HD 1080p 25 fps序列，并将音乐素材添加到"时间轴"面板中，根据节奏裁剪多余的音频。
③ 将照片素材添加到时间轴上，并按照音乐节奏调整剪辑的长度。
④ 添加文字内容并转换为嵌套序列。
⑤ 在两个添加文字内容的镜头之间添加"翻页"效果。
⑥ 在其他照片展示剪辑之间添加转场效果。
⑦ 预览整个制作文件，无误后导出文件，输出格式为MP4。

Premiere Pro

项目四

亲亲宝贝，为爱铭记

亲子百天电子相册制作

项目介绍

☞ 情境描述

亲子电子相册是常见的电子相册类型。某儿童摄影工作室发来一项亲子百天电子相册制作任务，本项目需要根据现有的儿童照片制作成一份电子相册。除了甲方提供的相片以外，音乐和文字等都需要自行添加。

本任务需要结合Photoshop制作封面，采用添加视频过渡效果、轨道遮罩、制作文字动画等方式来制作；使用Premiere Pro结合音频节奏对视频进行剪辑，形成活泼俏皮的亲子百天短视频；最后完成源文件的命名与文件的归档工作，确保所有文件都能被有序、高效地管理和检索。

☞ 任务要求

根据任务的情境描述，在8小时内完成亲子百天电子相册视频的剪辑与制作任务。

①　根据任务要求，制作简要脚本，确定视频风格类型、表现形式、配色方案等，要求主题突出、立意正确。

②　在制作过程中，准确进行视频效果制作、视频过渡、文本添加及视频调色，要求视频比例和谐、活泼俏皮、制作规范。

③　视频分辨率不小于1080p，帧速率不小于25帧/秒，格式为MP4，时长在40秒以内，版式为横屏。

④　根据工作时间和交付要求，整理、输出并提交符合客户要求的文件。

◇　一份PRPROJ格式的视频剪辑源文件。
◇　一份MP4格式的展示视频。

学习技能目标

◇　能够说出电子相册类视频的制作思路。
◇　能够根据提供的素材列出简单的镜头脚本。
◇　能够根据视频类型搭配合适的背景音乐。
◇　能够使用Photoshop新建"宽度"为1920像素、"高度"为1080像素的空白页面。
◇　能够在Photoshop中使用"钢笔工具"绘制相应图形。
◇　能够使用Photoshop新建"宽度"和"高度"都为1000像素、"背景内容"为"透明"的页面。
◇　能够对提供的素材进行粗剪。
◇　能够使用Premiere Pro打开PSD格式的素材。
◇　能够使用"新建项目"按钮新建HD 1080p 25 fps序列。
◇　能够使用"矩形工具"绘制一个白色圆角矩形作为素材遮罩并调整其参数。
◇　能够为剪辑添加"轨道遮罩键"效果。
◇　能够使用"颜色替换"效果替换素材颜色。

◇ 能够在"项目"面板中复制嵌套序列。
◇ 能够利用"使用剪辑替换"选项替换嵌套序列的内容。
◇ 能够使用"文字工具"添加文本。
◇ 能够使用"位置"关键帧制作画面移动效果。
◇ 能够使用"临时插值>缓入/缓出"菜单命令，设置缓起缓停动画效果。
◇ 能够使用"复制"设置视频画面效果。
◇ 能够通过添加"位置"关键帧制作视频抖动效果。
◇ 能够使用"导出"按钮导出MP4格式的视频。

项目知识链接

视频过渡是转场时运用较多的一种方式，在系统中内置了很多类型的过渡效果，只需要将其放置在两段剪辑之间，就能自动生成效果，不需要手动添加关键帧，为用户节省了很多制作时间。下面列举一些常用的视频过渡效果。

内滑

选中"内滑"过渡效果，然后拖曳到两段剪辑的连接处，就会自动生成过渡效果。移动播放指示器，可以观察到在过渡区域，后一段剪辑会从左向右移动覆盖前一段剪辑，如图4-1所示。

扫码看教学视频

图4-1

带状内滑

"带状内滑"与"内滑"相似，是将后一段剪辑以分裂的带状从两侧开始覆盖前一段剪辑，如图4-2所示。单击"自定义"按钮，能调整分裂的带数量，默认为7，如图4-3所示。

扫码看教学视频

图4-2

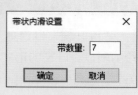
图4-3

急摇

"急摇"是让两段剪辑的过渡产生带模糊的滑动效果，如图4-4所示。在"效果控件"面板中只能简单调节过渡的持续时间和对齐方式两个参数。

扫码看教学视频

图4-4

推

"推"过渡效果会让后段剪辑和前段剪辑同时移动，从而进行切换，如图4-5所示。除了横向推动，也可以设置竖向推动，如图4-6所示。

图4-5   图4-6

划出

"划出"过渡效果与"内滑"大致相同，不同的地方在于后段剪辑的位置始终不变，只是从左向右逐渐显现覆盖前段剪辑，如图4-7所示。

图4-7

百叶窗

"百叶窗"过渡效果是将后段剪辑以百叶窗的形式覆盖前段剪辑，如图4-8所示。

图4-8

交叉溶解

"交叉溶解"过渡效果会让前段剪辑渐隐于

后段剪辑，从而进行切换，如图4-9所示。这种效果类似于在前段剪辑中添加"不透明度"关键帧。

图4-9

> 💡 提示
>
> "交叉溶解"是软件默认的过渡效果，按快捷键Ctrl+D就能在播放指示器所在的位置添加该效果。

叠加溶解

"叠加溶解"过渡效果是在"交叉溶解"的基础上，两段剪辑有叠加的混合效果，会在某些像素上形成变亮或曝光效果，如图4-10所示。"叠加溶解"过渡效果只能设置过渡的时长和对齐效果，没有其他参数，用法较为简单。

图4-10

白场过渡/黑场过渡

"白场过渡"和"黑场过渡"效果在影视剪辑中运用较多，这两种剪辑原理一样，都是在视频交接的位置添加一个白色或黑色的渐隐剪辑，从而形成过渡效果，如图4-11和图4-12所示。

图4-11

图4-12

交叉缩放

"交叉缩放"是将前段剪辑放大，然后将后段剪辑缩小，从而形成过渡效果，如图4-13所示。

💡 **提示**

为剪辑添加"缩放"关键帧也可以达到相同的效果，但关键帧可以调节缩放的速度，"交叉缩放"只能匀速过渡。

扫码看教学视频

图4-13

翻页

"翻页"过渡效果是将前段剪辑卷曲移动，从而显示后段剪辑，类似于翻书的效果，如图4-14所示。

扫码看教学视频

图4-14

分析整理素材

甲方提供的素材只有小朋友的百天照，如图4-15所示。在制作之前，需要寻找一段活泼俏皮的背景音乐。

图4-15

☞ **镜头脚本**

电子相册的镜头脚本很简单，下面列出一个镜头脚本。

镜头序号	镜头描述	素材
镜头一	自制封面，需要用文字表明相册的主题	2024.05.20 宝贝 一百天啦！
镜头二	为相册制作背景，并嵌入照片素材	
镜头三	结尾用文字简单收尾	时刻记录着你生命里 每一个不可复制的瞬间 (*^▽^*)

☞ **音频素材**

甲方没有提供背景音乐素材，需要自行寻找合适的音乐。笔者在素材库中找到一段节奏活泼轻快的音乐，如图4-16所示。

💡 **提示**

读者如果有喜欢的音乐素材也可以替换。

图4-16

任务实施

任务4.1　素材制作

扫码看教学视频

亲子相册大部分是以可爱的元素为主，本案例中这些元素是用Photoshop制作后导入Premiere Pro中使用的。

1.封面素材

01 打开Photoshop，新建"宽度"为1920像素、"高度"为1080像素的空白页面，如图4-17所示。

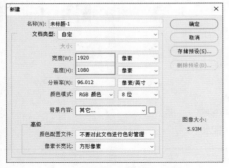

图4-17

💡 **提示**

Photoshop的版本可以随意选择，不影响使用。

02 为新建的空白页面填充浅蓝色，如图4-18所示。

03 使用"钢笔工具" ✍.绘制一个波浪形的深蓝色图形，如图4-19所示。

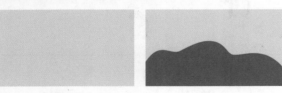

图4-18　　　　　图4-19

04 使用"钢笔工具" ✍.在左上角绘制一个蓝色图形，如图4-20所示。

05 使用"钢笔工具" ✍.在右上角绘制两个青色的不规则图形，如图4-21所示。

图4-20　　　　　图4-21

06 绘制完成后，将文件保存为PSD格式，命名为"封面"，如图4-22所示。

图4-22

2.图案素材

01 新建"宽度"和"高度"都为1000像素、"背景内容"为"透明"的页面，如图4-23所示。

图4-23

02 使用"钢笔工具" 绘制图4-24所示的青色图形，将其保存为PNG格式，命名为"图案1"。

03 使用"钢笔工具" 绘制图4-25所示的青色图形，将其保存为PNG格式，命名为"图案2"。

图4-24　　　　　　图4-25

💭 **提示**
　　读者在绘制这两个图形时，也可以设置为其他颜色，导入Premiere Pro后还可以根据实际需求灵活修改。

04 在素材文件夹中可以找到这两个图案素材，如图4-26所示。

图4-26

任务4.2　视频粗剪

　　制作完需要的素材文件后，就可以在Premiere Pro中进行粗剪。

扫码看教学视频

1.导入素材

01 打开Premiere Pro，新建一个项目后在"项目"面板中导入已有的图片和音频素材，如图4-27所示。

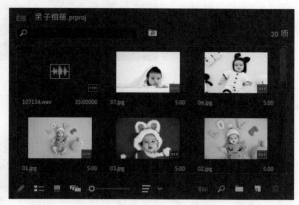

图4-27

02 在导入PSD格式的素材时，会弹出图4-28所示的对话框，在本项目中，选择"序列"选项。

图4-28

📝 **知识点：导入分层文件**

　　在导入PSD格式的文件时，系统会弹出对话框，让用户选择所需的导入模式。在对话框中有4种模式可以选择，分别为"合并所有图层""合并的图层""各个图层""序列"，如图4-29所示。下面介绍这4种模式的用法。

图4-29

　　合并所有图层：会将所有的图层合并为一个图层。选择后在"项目"面板只会出现一个合并后的文件。

　　合并的图层：用户可以按照需求合并特定的图层。

　　各个图层：会将所有图层生成单独的文件。在"项目"面板中会出现所有图层的单个文件。

　　序列：将所有图层合并为一个嵌套序列，其中包含各个图层的文件。

03 新建HD 1080p 25 fps序列，然后将音频文件添加到A1轨道上，如图4-30所示。观察音频的波形图，刚好有8节段落，封面加上7个素材图片就能对应音频的节奏进行转场。

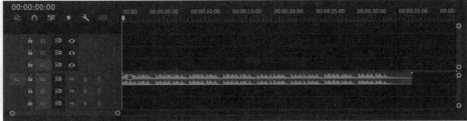

图4-30

04 选择"封面"序列，将其放在剪辑起始位置，末尾的位置要对应第2节音乐的开头，如图4-31所示。效果如图4-32所示。

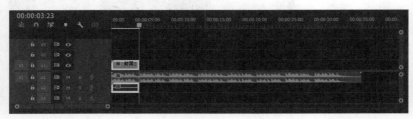 

图4-31   图4-32

05 将01.jpg素材添加到V1轨道上，调整剪辑长度到第3节音乐的开头，如图4-33所示。效果如图4-34所示。

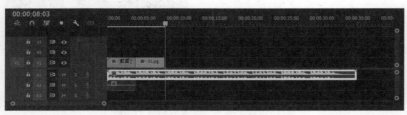 

图4-33   图4-34

💡 **提示**
导入的图片素材会超过序列的边界，需要缩放为帧大小。

06 单纯地展示照片，画面不是很好看，需要绘制一个边框和背景。将图片剪辑转换为嵌套序列，然后使用"矩形工具"▭在照片下层绘制一个灰蓝色的圆角矩形，如图4-35所示。

07 在照片上层，继续使用"矩形工具"▭绘制一个白色的圆角矩形，如图4-36所示。

08 在01.jpg剪辑上添加"轨道遮罩键"效果，在"效果控件"面板中设置"遮罩"为"视频4"，就能将照片边缘裁剪为圆角矩形效果，如图4-37所示。

图4-35   图4-36   图4-37

09 向右移动白色的圆角矩形图层，使右侧的画面更多地显示出来，也让画面显得不那么死板，如图4-38所示。

10 返回序列，会发现背景部分是黑色的。新建一个浅蓝色"颜色遮罩"，然后放在"嵌套序列01"的下层作为背景，如图4-39所示。

11 在"嵌套序列01"上方的轨道添加"图案1.png"和"图案2.png"素材文件，摆放在画面的左下和右上位置，如图4-40所示。

图4-38

图4-39

图4-40

12 现有的图案素材颜色不太合适。在两个素材剪辑上分别添加"颜色替换"效果，将原有的颜色替换为灰蓝色，如图4-41所示。

 提示
　　图案的大小和位置可以随意设置，案例中仅供参考。

图4-41

13 在"项目"面板中复制"嵌套序列01"生成"嵌套序列02"，然后添加到"嵌套序列01"剪辑的后方，如图4-42所示。

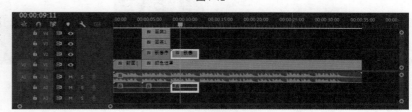

图4-42

14 进入"嵌套序列02"剪辑，替换剪辑中的照片素材为02.jpg，如图4-43所示。根据照片的内容，灵活调整白色圆角矩形的位置。

15 返回序列，复制两个图案剪辑到"嵌套序列02"剪辑的上方，并调整位置和大小，如图4-44所示。

图4-43

图4-44

16 按照"嵌套序列02"的制作思路，依次制作剩余的嵌套序列，并调整两个图案素材的位置和大小，如图4-45所示。效果如图4-46所示。

图4-45

图4-46

2.添加文字

01 使用"文字工具" T 在"封面"剪辑上输入"宝贝一百天啦！"，设置"字体"为"汉仪铸字比心体"，"字体大小"为147，"段落样式"为"居中对齐文本"，"填充"为蓝色，如图4-47所示。

02 继续使用"文字工具" T 在上方输入2024.05.20，设置"字体"为"汉仪铸字比心体"，"字体大小"为80，"填充"为蓝色，如图4-48所示。

图4-47　　　　　　　　　　　　　　　　　图4-48

💡 **提示**
　　在做这一步时需要注意，两段文字需要分成两个文本剪辑，不要在原来的文字剪辑上继续添加新的文字内容，否则会影响后面视频效果的添加。

03 在"嵌套序列01"剪辑上输入LOVELY BABY，设置"字体"为089-CAI978，"字体大小"为80，"填充"为灰蓝色，如图4-49所示。

04 复制LOVELY BABY文字剪辑，然后摆放在后续3个嵌套序列上，如图4-50所示。

图4-49

图4-50

05 使用"垂直文字工具" ![T] 在"嵌套序列05"上输入LOVELY BABY，设置"字体"为089-CAI978，"字体大小"为70，"填充"为与背景相同的浅蓝色，如图4-51所示。

06 将竖向的文字剪辑复制一份，移动到"嵌套序列06"上，如图4-52所示。

图4-51 图4-52

07 将横向的LOVELY BABY剪辑复制一份，移动到"嵌套序列07"上，修改"填充"颜色为与背景相同的浅蓝色，如图4-53所示。

08 "嵌套序列07"剪辑之后还剩余了一点空白位置，使用"文字工具" ![T] 输入"时刻记录着你生命里每一个不可复制的瞬间(*^▽^*)"，设置"字体"为"汉仪铸字比心体"，"字体大小"为80，"填充"为蓝色，如图4-54所示。

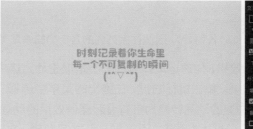

图4-53 图4-54

任务4.3 视频精剪

拼接完素材后，需要为这些素材添加转场和视频效果，让单调的照片展示效果变得丰富起来。

扫码看教学视频

1.封面

01 封面的动画制作分为两部分，一部分是背后的图案移动，一部分是文字动画。首先来做图案移动，双击"封面"序列，选中"图层2/封面.psd"剪辑，在3秒位置添加"位置"关键帧，然后在剪辑起始位置将图层移动到画面下方，在4秒时将图层稍微向下移动一点，动画效果如图4-55所示。

图4-55

💡 **提示**

为了方便观察动画效果，先将另外两个不动的图层隐藏。

02 选中"图层3/封面.psd"剪辑，在2秒17帧的位置添加"位置"关键帧，在剪辑起始位置将图层移出到画面左上角，在4秒时将图层稍微往左上角移动一点，动画效果如图4-56所示。

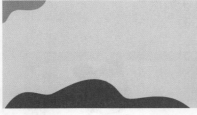

图4-56

03 选中"图层4/封面.psd"剪辑，在2秒02帧的位置添加"位置"关键帧，在剪辑起始位置将图层移出到画面右上角，在4秒时将图层稍微往右上角移动一点，动画效果如图4-57所示。

图4-57

💡 **提示**

"封面"序列的总时长为4秒，因此在序列内的各个剪辑末尾关键帧也设置在4秒的位置。

04 观察动画效果，匀速运动显得动画不是很生动。选中3个剪辑添加的"位置"关键帧，单击鼠标右键，在弹出的菜单中选择"临时插值>缓入/缓出"选项，就能将匀速的动画转换为带有缓起缓停效果的动画，如图4-58所示。

05 返回序列，选中"宝贝一百天啦！"文字剪辑，在2秒05帧的位置设置"不透明度"为0%，并添加关键帧，在2秒24帧的位置设置"不透明度"为100%，动画效果如图4-59所示。

图4-58

图4-59

06 在2024.05.20文字剪辑上添加"线性擦除"效果，在1秒10帧的位置设置"过渡完成"为100%，并添加关键帧，在2秒05帧的位置设置"过渡完成"为0%，然后设置"擦除角度"为-90°，动画效果如图4-60所示。

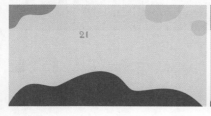

图4-60

2.嵌套序列01

01 选中"嵌套序列01"剪辑上的"图案1"剪辑，在"位置"属性上随意添加关键帧，形成局部的抖动，动画效果如图4-61所示。

图4-61

💡 **提示**

图案1需要在左下角随意抖动，读者在这里可以随意发挥。图4-62所示是笔者做的运动轨迹，仅供参考。

图4-62

02 选中"图案2"剪辑，在"位置"属性上添加关键帧，形成画面右上角图案的抖动，动画效果如图4-63所示。

图4-63

03 选中LOVELY BABY文字剪辑，在剪辑起始位置向左移出画面，并添加"位置"关键帧，然后在5秒22帧的位置移动到画面左上角，动画效果如图4-64所示。

图4-64

3.嵌套序列02

01 选中"嵌套序列02"上方的"图案1"剪辑，随机添加"缩放"关键帧，形成随机放大或缩小的弹性效果，如图4-65所示。

图4-65

02 选中"图案2"剪辑，同样随机添加"缩放"关键帧，形成弹性效果，如图4-66所示。

图4-66

💡 **提示** --

笔者将两个图案的关键帧设置得不一致，形成不同节奏的缩放效果，让画面显得更加丰富。

03 选中LOVELY BABY文字剪辑，在剪辑起始位置向右移出画面，并添加"位置"关键帧，然后在10秒17帧时移动到画面右上角，动画效果如图4-67所示。

图4-67

4.嵌套序列03

01 选中"嵌套序列03"上方的LOVELY BABY文字剪辑，按快捷键Ctrl+X将其剪切后，在"嵌套序列03"中进行粘贴，如图4-68所示。

02 返回序列选择"嵌套序列03"，在剪辑起始位置设置"缩放"为212，并添加关键帧，然后在13秒09帧的位置设置"缩放"为73，在14秒20帧的位置设置"缩放"为99，在15秒16帧的位置设置"缩放"为100，动画效果如图4-69所示。

图4-68

图4-69

> **💡 提示**
> 将文字剪辑放入"嵌套序列03"中，就能让文字剪辑随着嵌套序列放大或缩小，减少添加关键帧的步骤。

03 在15秒16帧的位置添加"嵌套序列03"的"位置"关键帧，然后在剪辑末尾将其向上移出画面，动画效果如图4-70所示。

图4-70

04 选中"嵌套序列03"上方的"图案1"剪辑，随机添加"缩放"关键帧，形成弹性效果，如图4-71所示。

图4-71

05 选中"图案2"剪辑，同样随机添加"缩放"关键帧，形成弹性效果，如图4-72所示。

图4-72

5.嵌套序列04

01 选中"嵌套序列04"，然后添加"复制"效果，设置"计数"为4，效果如图4-73所示。

图4-73

02 在剪辑起始位置，设置"位置"为（627,-35），"缩放"为204，"旋转"为-28°，如图4-74所示。

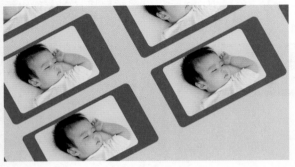

图4-74

03 在17秒23帧处，设置"位置"为（3,-6），"缩放"为403，"旋转"为0°，如图4-75所示。

图4-75

04 选中"图案1"剪辑，在剪辑起始位置设置"位置"为（1600,161），"缩放"为72，"旋转"为-109°，如图4-76所示。

图4-76

05 在18秒06帧处，设置"图案1"剪辑的"缩放"为138，如图4-77所示。

图4-77

06 在剪辑末尾，设置"图案1"剪辑的"位置"为（1872,87），"缩放"为72，"旋转"为251°，如图4-78所示。

图4-78

07 选中"图案2"剪辑，在起始位置设置"位置"为（426,742），"缩放"为129，"旋转"为76°，如图4-79所示。

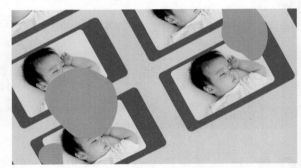

图4-79

08 在18秒06帧处，设置"图案2"剪辑的"缩放"为86，如图4-80所示。

图4-80

09 在剪辑末尾，设置"图案2"剪辑的"位置"为（166,971），"缩放"为140，"旋转"为1x94°，如图4-81所示。

图4-81

10 选中LOVELY BABY文字剪辑，添加"线性擦除"效果。在17秒23帧处设置"过渡完成"为100%，在19秒16帧处设置"过渡完成"为0%，并设置"擦除角度"为-90°，如图4-82所示。

图4-82

6.嵌套序列05

01 将"嵌套序列05"上方的文字剪辑剪切到嵌套序列中，如图4-83所示。其会随着嵌套序列的动画一起运动。

图4-83

02 返回序列，在剪辑起始位置设置"嵌套序列05"的"位置"为（693,1272），"缩放"为291，"旋转"为-58°，如图4-84所示。

03 在21秒22帧的位置，设置"位置"为（960,540），"缩放"为100，"旋转"为0°，如图4-85所示。在23秒02帧处添加相同的关键帧。

> 🔘 **提示** ----
> 在23秒02帧处单击"添加/移除关键帧"按钮，就能添加相同参数的关键帧。

04 在剪辑末尾，向右移动画面内容至画面外，如图4-86所示。

图4-84   图4-85   图4-86

05 选中"嵌套序列05"上方的"图案1"剪辑，随机添加"位置"关键帧，形成抖动的效果，如图4-87所示。

图4-87

06 选中"图案2"剪辑，同样随机添加"位置"关键帧，形成抖动效果，如图4-88所示。

图4-88

7.嵌套序列06

01 将"嵌套序列06"上方的文字剪辑剪切到嵌套序列中，如图4-89所示。其会随着嵌套序列的动画一起运动。

图4-89

02 返回序列，在26秒01帧处添加"位置"关键帧，然后在剪辑起始位置，将剪辑内容向左下移出画面，如图4-90所示。

图4-90

03 在26秒24帧的位置添加"缩放"关键帧，然后在剪辑末尾设置"缩放"为244，如图4-91所示。

图4-91

04 选中"嵌套序列06"上方的"图案1"剪辑，添加随机的"位置"关键帧，形成抖动效果，如图4-92所示。

图4-92

05 选中"图案2"剪辑，同样随机添加"位置"关键帧，如图4-93所示。

图4-93

8.嵌套序列07

01 将"嵌套序列07"上方的文字剪辑剪切到嵌套序列中，如图4-94所示。其会随着嵌套序列的动画一起运动。

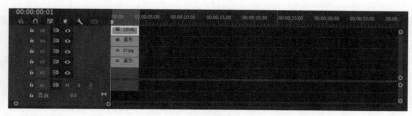

图4-94

02 返回序列，在剪辑起始位置设置"位置"为（634,43），"缩放"为290，如图4-95所示。

03 在30秒16帧的位置，设置"位置"为（960,540），"缩放"为100，如图4-96所示。

图4-95   图4-96

04 选中"嵌套序列07"上方的"图案1"剪辑，在剪辑起始位置设置"缩放"为480，在31秒处设置"缩放"为72，动画效果如图4-97所示。

图4-97

05 选中"图案2"剪辑，在剪辑起始位置设置"缩放"为359，在31秒处设置"缩放"为86，动画效果如图4-98所示。

图4-98

06 选中片尾的文字剪辑，在剪辑起始位置设置"不透明度"为0%，在33秒02帧处设置"不透明度"为100%，动画效果如图4-99所示。

图4-99

任务4.4 影片输出

扫码看教学视频

　　影片制作完成后，按空格键整体播放一遍，检查有没有需要调整的地方，如果没有的话，就可以将其输出为影片格式的文件，提交给项目方。

01 单击上方的"导出"按钮，切换到"导出"界面，然后设置"文件名""位置""格式"等，如图4-100所示。

02 设置完成后，单击界面右下角的"导出"按钮 导出，就可以导出视频，如图4-101所示。

图4-100　　　　　　　　　　　　　图4-101

03 导出完成后，在设置的输出路径中能找到该文件，如图4-102所示。

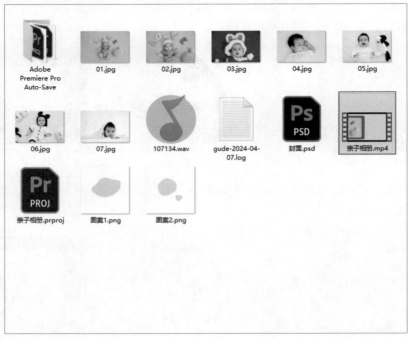

图4-102

项目总结与评价

☞ 设计总结

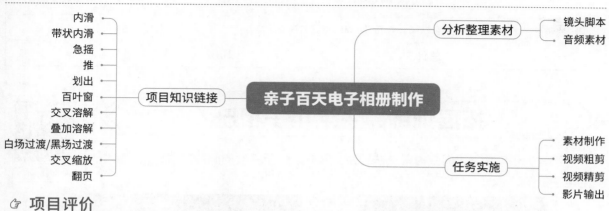

内滑
带状内滑
急摇
推
划出
百叶窗
交叉溶解
叠加溶解
白场过渡/黑场过渡
交叉缩放
翻页

项目知识链接

亲子百天电子相册制作

分析整理素材 — 镜头脚本 / 音频素材

任务实施 — 素材制作 / 视频粗剪 / 视频精剪 / 影片输出

☞ 项目评价

评价内容	评价标准	分值	学生自评	小组评定
分析整理素材	能够说出电子相册类视频的制作思路	5		
	能够根据提供的素材列出简单的镜头脚本	5		
	能够根据视频类型搭配合适的背景音乐	5		
素材制作	能够使用Photoshop新建"宽度"为1920像素、"高度"为1080像素的空白页面	5		
	能够在Photoshop中使用"钢笔工具"绘制相应图形	5		
	能够使用Photoshop新建"宽度"和"高度"都为1000像素、"背景内容"为"透明"的页面	5		
视频粗剪	能够对提供的素材进行粗剪	5		
	能够使用Premiere Pro打开PSD格式的素材	5		
	能够使用"新建项目"按钮新建HD 1080p 25 fps序列	5		
	能够使用"矩形工具"绘制一个白色圆角矩形作为素材遮罩并调整其参数	5		
	能够为剪辑添加"轨道遮罩键"效果	5		
	能够使用"颜色替换"效果替换素材颜色	5		
	能够在"项目"面板中复制嵌套序列	5		
	能够利用"使用剪辑替换"选项替换嵌套序列的内容	5		
	能够使用"文字工具"添加文本	5		
视频精剪	能够使用"位置"关键帧制作画面移动效果	5		
	能够使用"临时插值>缓入/缓出"菜单命令，设置缓起缓停动画效果	5		

续表

评价内容	评价标准	分值	学生自评	小组评定
视频精剪	能够使用"复制"设置视频画面效果	5		
	能够通过添加"位置"关键帧制作视频抖动效果	5		
影片输出	能够使用"导出"按钮导出MP4格式的视频	5		
总计		**100**		

拓展训练：生活电子相册

扫码看教学视频

在平常的生活中，我们会拍摄一些照片，请将这些无主题的照片串联起来，制作一个电子相册。

☞ 习题要求

◇ 视频主题：生活电子相册
◇ 分辨率：1080p
◇ 视频格式：MP4
◇ 视频时长：20秒以内
◇ 视频要求：添加图片、音乐和文字信息
◇ 视频版式：竖屏

☞ 步骤提示

① 打开Premiere Pro，新建项目并导入照片和背景音乐。

② 新建"社交媒体纵向9x16 30fps"序列，并将音乐素材添加到"时间轴"面板中，在20秒的位置裁剪多余的音频。

③ 将照片素材添加到时间轴上，并按照音乐节奏调整剪辑的长度。

④ 添加文字内容并制作动画效果。

⑤ 照片素材除了添加移动和缩放的动画外，还可以用"相机模糊"进行转场。

⑥ 新建"调整图层"并添加"Lumetri颜色"进行调色。

⑦ 预览整个视频，无调整后导出文件，输出格式为MP4。

Premiere Pro

集团盛典，星光璀璨

企业年会开幕视频制作

项目介绍

☞ 情境描述

　　某公司要举行年会，需要在年会开始时播放视频。某文化传媒公司宣传部发来一项年会视频制作任务，本项目的视频内容要包含年会的主题，以及颁发的各个奖项的名称和获奖人照片，在视觉上要精致大气，同时需要符合现场氛围的背景音乐与解说词。

　　本任务要求结合音频内容，采用添加效果滤镜、添加视频过渡效果、添加轨道遮罩等方式来制作；使用Premiere Pro软件结合音频节奏对视频进行剪辑，形成精致大气的企业年会短视频；最后完成源文件的命名与文件的归档工作，确保所有文件都能被有序、高效地管理和检索。

☞ 任务要求

　　根据任务的情境描述，在16小时内完成年会开幕视频的剪辑与包装任务。

　　① 根据任务要求，制作简要脚本，确定视频风格类型、表现形式、配色方案等，要求主题突出、立意正确。

　　② 在制作过程中，准确进行视频效果制作、视频过渡、文本添加及视频调色，要求视频比例和谐、有开始画面和颁奖画面、配合大气的音乐和解说词、制作规范。

　　③ 视频分辨率不小于1080p，帧速率不小于25帧/秒，格式为MP4，时长在40秒以内，版式为横屏。

　　④ 根据工作时间和交付要求，整理、输出并提交符合客户要求的文件。

　　◇ 一份PRPROJ格式的视频剪辑源文件。

　　◇ 一份MP4格式的展示视频。

学习技能目标

◇ 能够说出颁奖类视频的制作思路。

◇ 能够掌握多镜头视频的制作方法。

◇ 能够根据提供的素材列出简单的镜头脚本。

◇ 能够使用不同方式将素材文件全部导入"项目"面板中。

◇ 能够使用"新建项目"按钮新建HD 1080p 25 fps序列。

◇ 能够使用"文字工具"在画面上输入相应文本。

◇ 能够使用"轨道遮罩键"为视频制作特效。

◇ 能够使用"取消链接"解锁视频音频关联。

◇ 能够通过设置剪辑的"混合模式"来呈现视频效果。

◇ 能够使用"基本3D"效果为剪辑添加特效。

◇ 能够在剪辑中替换素材。

◇ 能够使用Alt键复制素材。

◇ 能够使用O键添加序列出点，确定导出视频时长。
◇ 能够为视频添加"黑场过渡"效果。
◇ 能够使用"剃刀工具"裁剪超出序列出点的音频剪辑。
◇ 能够通过为"效果控件"面板中的"级别"添加关键帧来调整音乐淡出效果。
◇ 能够通过观察音频的波形，快速确定语句段落的分割点。
◇ 能够使用"导出"按钮导出MP4格式的视频。

项目知识链接

视频效果可以为视频添加气氛，丰富剪辑内容，将最终的视频效果进一步升华。系统内置了很多类型的效果滤镜，下面介绍一些常用的效果。

裁剪

"裁剪"效果可以通过参数来调整剪辑裁剪的大小，如图5-1所示。通过参数可以设置4个方向的裁剪区域、缩放大小和边缘羽化的大小。

图5-1

偏移

"偏移"效果可以让剪辑产生水平或垂直方向的移动，剪辑中空缺的像素会自动补充。添加"偏移"效果后剪辑不会有任何改变，必须在"效果控件"面板中进行设置才会发生改变，如图5-2所示。

图5-2

旋转扭曲

"旋转扭曲"效果是以轴点为中心，使剪辑旋转并扭曲的变化效果，如图5-3所示。在"效果控件"面板中可以设置旋转的中心位置和旋转的大小。

图5-3

湍流置换

"湍流置换"会让剪辑产生扭曲变形的效果，如图5-4所示。

图5-4

镜像

"镜像"效果是使剪辑对称翻转的效果，如图5-5所示。

图5-5

残影

"残影"效果是将画面中不同帧像素进行混合处理，如图5-6所示。

扫码看教学视频

图5-6

相机模糊

"相机模糊"效果可以实现拍摄过程中的虚焦效果，如图5-7所示。

扫码看教学视频

图5-7

方向模糊

"方向模糊"效果可以根据角度和长度将画面进行模糊处理，如图5-8所示。

扫码看教学视频

图5-8

高斯模糊

"高斯模糊"效果可以让画面既模糊又平滑，如图5-9所示。

扫码看教学视频

图5-9

四色渐变

"四色渐变"效果是在原有剪辑的基础上添加4种颜色的渐变，如图5-10所示。这4种颜色和它们的位置都可以随意设定。

扫码看教学视频

图5-10

镜头光晕

"镜头光晕"是在剪辑画面上模拟拍摄时遇到强光所产生的光晕效果，如图5-11所示。

扫码看教学视频

图5-11

块溶解

"块溶解"效果可以让画面逐渐显示或逐渐消失，如图5-12所示。

扫码看教学视频

图5-12

线性擦除

"线性擦除"效果是以线性的方式擦除画面，如图5-13所示。

扫码看教学视频

图5-13

基本3D

"基本3D"效果可以让剪辑画面产生旋转、倾斜和改变与图像的距离（拉近或拉远）等效果，如图5-14~图5-16所示。

扫码看教学视频

图5-14

图5-15

图5-16

投影

"投影"可以在剪辑画面的下方呈现阴影效

果，如图5-17所示。

扫码看教学视频

图5-17

Alpha发光

"Alpha发光"效果是在剪辑画面上生成发光效果，如图5-18所示。

扫码看教学视频

图5-18

复制

"复制"效果可以将剪辑画面进行大量复制，如图5-19所示。

扫码看教学视频

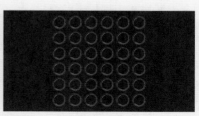

图5-19

马赛克

"马赛克"效果可以将画面转换为像素块拼凑的效果，以模糊视频，如图5-20所示。

扫码看教学视频

图5-20

分析整理素材

甲方提供的素材是年会的主题、所需颁发的奖项名称和获奖人的照片，如图5-21所示。

500347165.jpg　　500634068.jpg　　501534312.jpg

图5-21

☞ 镜头脚本

根据现有的素材和视频主题，可以简单列出一个镜头脚本。

镜头序号	镜头描述	素材
镜头一	开场片头需要展示会议的主题	梦想起航 2024年会开幕盛典
镜头二	年度优秀员工	
镜头三	年度突出贡献员工	
镜头四	年度优秀团队	
镜头五	结尾用文字简单收尾	请以上获奖者上台领奖

☞ 音频素材

需要寻找的音频素材包含两类。一类是整体的背景音乐，需要恢宏大气的音乐，体现视频的正式感和严肃性；另一类是解说词，可以通过一些软件生成AI语音，如图5-22所示。

💬 提示

笔者使用"剪映"软件中的AI语音生成了解说词音频。

16115.wav　500347165.jpg　500634068.jpg　501534312.jpg　解说词.MP3

图5-22

☞ **视频素材**

除了甲方提供的照片外，没有其他画面类素材，这就需要我们去寻找相关的视频素材。为了突出画面的正式感和恢宏大气，可以用金色粒子加光线类的素材作为视频的基调，根据这一基调寻找视频的背景画面，如图5-23所示。

转场如果运用软件内置的效果，会显得不够大气，这里选用灯光动画素材作为转场效果，如图5-24所示。

图5-23　　　　　　　　　　　　　　　　图5-24

年会开场部分，画面需要有视觉冲击力，因此选择了有光线爆发和粒子飞舞的视频素材，可以叠加在背景画面上，增加画面的丰富程度，如图5-25所示。

在获奖者的展示环节，采用一个动态的金色边框素材作为展示照片的画框，如图5-26所示。

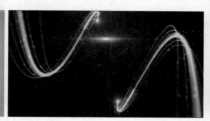

图5-25　　　　　　　　　　　　　　　　图5-26

视频中所使用的文字如果只是单纯的金色，会显得较为死板，笔者找到一个动态的金色纹理材质，如图5-27所示。用这个纹理叠加到文字上，不仅文字有质感，还会让视频看起来档次更高。

 提示

以上素材仅供参考，如果读者找到更喜欢的素材，可以代替使用。

图5-27

任务实施

任务5.1 　盛典开场视频片头制作

与之前几个案例的顺序不同，本案例会按照镜头顺序逐一制作。开场片头需要在背景视频上添加会议的主题文字，形成动态的文字效果。

扫码看教学视频

1.片头文字

01 在Premiere Pro中新建一个项目，然后将需要的素材文件全部导入"项目"面板中，如图5-28所示。

02 新建HD 1080p 25 fps序列，命名为"开场片头"，然后将"文字材质.mp4"素材文件添加到轨道上，如图5-29所示。

图5-28

图5-29

03 使用"文字工具" **T** 在画面上输入"梦想起航"和"2024年会开幕盛典"，文字一定要用白色，用来作为轨道遮罩，形成动态的文字效果，如图5-30所示。

04 在"文字材质.mp4"剪辑上添加"轨道遮罩键"效果，设置"遮罩"为文字剪辑，效果如图5-31所示。

图5-30

图5-31

💡 **提示**

　"梦想起航"使用的是"字魂55号-龙吟手书"字体，"2024年会开幕盛典"使用的是"字魂105号-简雅黑"字体。读者也可以选择自己喜欢的字体。

2.片头粗剪

01 再次新建一个HD 1080p 25 fps序列，命名为"总合成"，然后将"舞台背景.mov"素材文件添加到V1轨道上，如图5-32所示。效果如图5-33所示。

图5-32

图5-33

02 将制作完成的"开场片头"序列添加到V2轨道上，如图5-34所示。效果如图5-35所示。

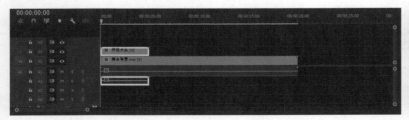
图5-34

图5-35

03 将"开场.mp4"素材文件添加到V3轨道上，如图5-36所示。效果如图5-37所示。

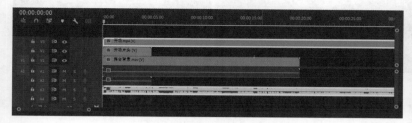

图5-36　　　　　　　　　　　　　　　　　　图5-37

> 💡 **提示**
>
> 素材本身带有音频轨道，但与这个项目没有什么联系，因此解锁视频音频关联后，将音频删除，如图5-38所示。

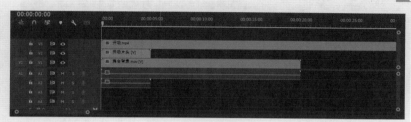

图5-38

04 "开场.mp4"剪辑的画面遮挡了下方的画面，选中该剪辑，设置"混合模式"为"滤色"，动画效果如图5-39所示。

图5-39

3.片头精剪

01 预览片头部分，虽然文字本身有纹理的动画，但位置大小都没有改变，画面看着不够生动。
选中"开场片头"剪辑，在起始位置设置"不透明度"为0%，然后在1秒03帧处设置"不透明度"为100%，动画效果如图5-40所示。

图5-40

02 在"效果"面板中搜索"基本3D"效果并添加到"开场片头"剪辑上，在剪辑起始位置设置"与图像的距离"为100，在1秒03帧处设置"与图像的距离"为0，动画效果如图5-41所示。

图5-41

03 移动播放指示器到4秒12帧的位置，设置"与图像的距离"为-10，在剪辑末尾设置"与图像的距离"为-100，动画效果如图5-42所示。

图5-42

04 将"灯光转场.mov"素材添加到V4轨道上，放置在序列前端，这样就能与下方的光效叠加在一起，形成有视觉冲击力的画面效果，如图5-43所示。效果如图5-44所示。

图5-43 图5-44

任务5.2 颁奖视频画面镜头编辑

扫码看教学视频

颁奖画面的镜头做法较简单，做完一个镜头，剩余两个镜头替换部分素材和更改动画参数即可。

1. 展示图片01镜头制作

01 移动播放指示器到6秒11帧的位置，此时将500634068.jpg素材添加到V2轨道上，如图5-45所示。效果如图5-46所示。

图5-45 图5-46

02 将图片转换为嵌套序列，命名为01。在嵌套序列上方添加"边框.mp4"素材文件，如图5-47所示。效果如图5-48所示。

图5-47 图5-48

03 返回"总合成"中，选中01序列，再次对其进行嵌套，命名为"展示图片01"，如图5-49所示。

04 进入"展示图片01"中，选中01剪辑，设置"缩放"为40，放置在画面右侧，如图5-50所示。

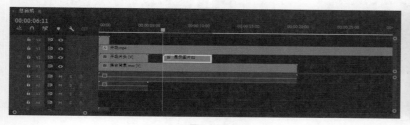
图5-49

图5-50

05 将01剪辑向上方轨道复制一份，然后在下方轨道的01剪辑上添加"基本3D"效果，设置"倾斜"为180°，"不透明度"为15%，形成倒影的样式，如图5-51所示。

图5-51

06 将"文字材质.mp4"素材文件添加到复制后01剪辑上方的轨道，然后输入"年度优秀员工"文字，如图5-52所示。

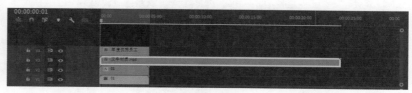
图5-52

07 选择输入的文字剪辑，设置文字的颜色为白色，如图5-53所示。

08 在"文字材质.mp4"剪辑上添加"轨道遮罩键"效果，设置文字为轨道遮罩，效果如图5-54所示。

图5-53

图5-54

> **提示**
> 文字的字体为"字魂105号-简雅黑"。读者也可以选择其他喜欢的字体。

09 返回"总合成"序列，在"展示图片01"剪辑上添加"基本3D"效果，然后在剪辑起始位置设置"与图像的距离"为100，在7秒14帧处设置"与图像的距离"为0，效果如图5-55所示。

> **提示**
> 在7秒14帧的位置处，还可以设置"不透明度"关键帧，呈现画面由远到近逐渐显示的动画效果。

图5-55

10 在10秒23帧的位置设置"与图像的距离"为-10，然后在剪辑末尾设置"与图像的距离"为-100，效果如图5-56所示。

图5-56

📝 知识点：复制粘贴剪辑属性

相信有读者会发现，"展示图片01"剪辑的关键帧与"开场片头"剪辑的关键帧设置方法完全一致。是否可以将"开场片头"剪辑中的关键帧原样复制到"展示图片01"剪辑上呢？答案是完全可以。下面讲解操作方法。

选中"开场片头"剪辑，单击鼠标右键，在弹出的菜单中选择"复制"选项，如图5-57所示。

再选中"展示图片01"剪辑，单击鼠标右键，在弹出的菜单中选择"粘贴属性"选项，如图5-58所示。

在弹出的对话框中，选择要粘贴的属性选项，如图5-59所示。单击"确定"按钮 <u>确定</u> 后，就能将关键帧粘贴到"展示图片01"剪辑上。

图5-57

图5-58   图5-59

2.展示图片02镜头制作

01 在"项目"面板中复制"展示图片01"嵌套序列，重命名为"展示图片02"，然后添加到12秒14帧的位置，如图5-60所示。

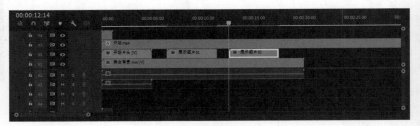

图5-60

02 在"项目"面板中复制01嵌套序列，重命名为02，然后替换"展示图片02"嵌套序列中原有的两个序列为02序列，如图5-61所示。

图5-61

💬 提示

替换嵌套序列也可以按照替换素材的方式执行。在"项目"面板中选择替换的文件，然后在被替换的剪辑上单击鼠标右键，在菜单中选择"使用剪辑替换>从素材箱"选项。

03 在02剪辑中替换照片素材，如图5-62所示。

04 修改文字剪辑的内容为"年度突出贡献员工"，然后将两个02剪辑移动到画面左侧，如图5-63所示。

图5-62

图5-63

05 复制"展示图片01"，将添加了关键帧的属性粘贴到"展示图片02"上，动画效果如图5-64所示。

图5-64

3.展示图片03镜头制作

01 在"项目"面板中复制"展示图片02"，重命名为"展示图片03"，然后添加到18秒19帧的位置，如图5-65所示。

图5-65

02 此时会发现下方轨道的"舞台背景.mov"剪辑比上方的剪辑短一些，按住Alt键选中该剪辑向右复制一份，如图5-66所示。

图5-66

03 在"项目"面板复制02剪辑，重命名为03，然后修改文字剪辑内容为"年度优秀团队"，如图5-67所示。

图5-67

04 在03剪辑中替换照片素材，如图5-68所示。

05 调整文字剪辑和两个03剪辑的位置，效果如图5-69所示。

图5-68

图5-69

06 返回"总合成"，将"展示图片02"剪辑上的关键帧复制到"展示图片03"剪辑上，动画效果如图5-70所示。

图5-70

扫码看教学视频

任务5.3 视频片尾及转场设计

片尾部分相对来说比较简单，按照之前的思路制作即可。在几个镜头转场的位置添加光效，就能使画面效果更精致。

1.片尾合成

01 在"项目"面板中复制"展示图片03"，重命名为"片尾"，然后添加到24秒17帧的位置，如图5-71所示。

02 进入"片尾"嵌套序列，删除两个03剪辑，然后修改文字剪辑内容为"请以上获奖者上台领奖"，如图5-72所示。

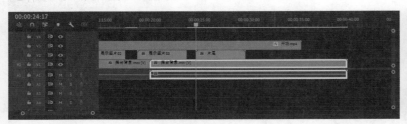

图5-71　　　　　　　　　　　　　　　　　图5-72

03 返回"总合成"序列，复制"展示图片03"剪辑的关键帧，粘贴到"片尾"剪辑上，动画效果如图5-73所示。

图5-73

04 移动播放指示器到32秒02帧的位置，按O键添加序列的出点，从而确定整个视频导出的时长，如图5-74所示。

> 💡 **提示**
> 超出出点位置的剪辑不会被渲染。

图5-74

2.转场设计

01 虽然添加的"开场.mp4"剪辑里就带有光效，但还达不到要求。将V4轨道的"灯光转场.mp4"剪辑复制4份，然后移动到相邻两个镜头的中间位置，如图5-75所示。效果如图5-76所示。

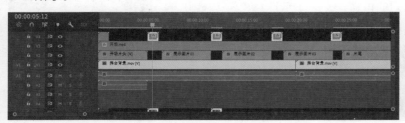

图5-75　　　　　　　　　　　　　　　　　图5-76

02 在"效果"面板搜索"黑场过渡"效果，添加到"开场.mp4"和"舞台背景.mov"两个剪辑的末尾，如图5-77所示。效果如图5-78所示。

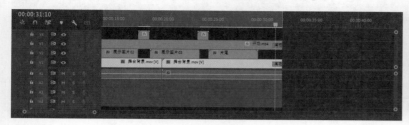

图5-77　　　　　　　　　　　　　　　　　　　　　　图5-78

任务5.4　盛典视频音频剪辑处理

扫码看教学视频

视频的画面部分已经完成，下面处理音频部分。分为背景音乐和解说词两部分。

1.背景音乐剪辑

01 将"项目"面板中的16115.wav素材文件移动到A1轨道上，如图5-79所示。

02 此时会发现音乐剪辑的长度远远超过了视频的长度。使用"剃刀工具" 裁剪超出序列出点的音频剪辑，并将其删除，如图5-80所示。

图5-79

03 背景音乐播放到末尾时会戛然而止，非常突兀。移动播放指示器到29秒18帧的位置，在"效果控件"面板中设置"级别"为-15dB，并自动添加关键帧，如图5-81所示。

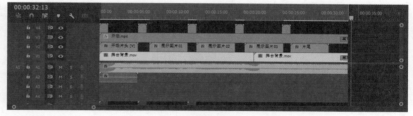

图5-80

04 移动播放指示器到音频剪辑的末尾，设置"级别"为-281.1dB，此时声音会降到最小，如图5-82所示。再次播放音频，在片尾的文字动画结束后，音量会逐渐减小。

图5-81　　　　　　　　　　　　　　　图5-82

2.解说词编辑

01 将"解说词.mp4"素材文件添加到A2轨道上，如图5-83所示。音频是一个完整的剪辑，播放视频会出现音画不同步的问题。

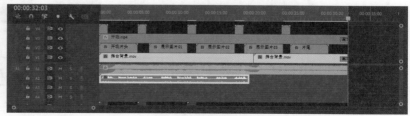

图5-83

02 边听音频边按照语句的分段，使用"剃刀工具" ◇ 进行裁剪，如图5-84所示。

💡 **提示** ----------

　　观察音频的波形，能快速确定语句段落的分割点。

图5-84

03 根据画面内容，将相应的音频放在下方对应的位置，如图5-85所示。

04 整体播放视频，会发现解说词音频的音量稍微有些小，将这些音频的"级别"都设置为5dB，如图5-86所示。

图5-85

图5-86

扫码看教学视频

任务5.5　影片输出

　　影片制作完成后，按空格键整体播放一遍，检查有没有需要调整的地方，如果没有的话，就可以将其输出为影片格式的文件，提交给项目方。

01 单击上方的"导出"按钮 导出，切换到"导出"界面，然后设置"文件名""位置""格式"等，如图5-87所示。

02 设置完成后，单击界面右下角的"导出"按钮 导出，就可以导出视频，如图5-88所示。

图5-87

图5-88

03 导出完成后，在设置的输出路径中就能找到该文件，如图5-89所示。

图5-89

项目总结与评价

☞ 设计总结

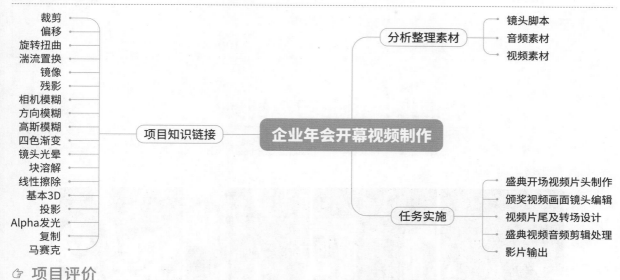

裁剪
偏移
旋转扭曲
湍流置换
镜像
残影
相机模糊
方向模糊
高斯模糊
四色渐变
镜头光晕
块溶解
线性擦除
基本3D
投影
Alpha发光
复制
马赛克

项目知识链接

企业年会开幕视频制作

分析整理素材
- 镜头脚本
- 音频素材
- 视频素材

任务实施
- 盛典开场视频片头制作
- 颁奖视频画面镜头编辑
- 视频片尾及转场设计
- 盛典视频音频剪辑处理
- 影片输出

☞ 项目评价

评价内容	评价标准	分值	学生自评	小组评定
分析整理素材	能够说出颁奖类视频的制作思路	5		
	能够掌握多镜头视频的制作方法	5		
	能够根据提供的素材列出简单的镜头脚本	5		
开场片头	能够使用不同方式将素材文件全部导入"项目"面板中	5		
	能够使用"新建项目"按钮新建HD 1080p 25 fps序列	5		
	能够使用"文字工具"在画面上输入相应文本	5		
	能够使用"轨道遮罩键"为视频制作特效	5		
	能够使用"取消链接"解锁视频音频关联	5		
	能够通过设置剪辑"混合模式"来呈现视频效果	10		
	能够使用"基本3D"效果为剪辑添加特效	5		
颁奖画面	能够在剪辑中替换素材	5		
	能够使用Alt键复制素材	5		
片尾及转场	能够使用O键添加序列出点,确定导出视频时长	5		
	能够为视频添加"黑场过渡"效果	5		
音频处理	能够使用"剃刀工具"裁剪超出序列出点的音频剪辑	5		
	能够通过为"效果控件"面板中的"级别"添加关键帧来调整音乐淡出效果	5		

续表

评价内容	评价标准	分值	学生自评	小组评定
音频处理	能够通过观察音频的波形，快速确定语句段落的分割点	10		
影片输出	能够使用"导出"按钮导出MP4格式的视频	5		
总计		**100**		

拓展训练：企业团建视频

扫码看教学视频

　　某企业需要在短视频平台的企业官号上传关于企业团建内容的短视频，用于介绍企业文化，展示员工风采。

☞ 习题要求

◇ 视频主题：企业团建视频
◇ 分辨率：1080p
◇ 视频格式：MP4
◇ 视频时长：20秒以内
◇ 视频要求：添加图片、音乐和文字信息
◇ 视频版式：竖屏

☞ 步骤提示

① 打开Premiere Pro，新建项目并导入照片和背景音乐。
② 新建"社交媒体纵向9x16 30fps"序列，并将音乐素材添加到"时间轴"面板中。
③ 将照片素材添加到时间轴上，并按照音乐节奏调整剪辑的长度。
④ 在前两个照片剪辑上层分别添加HAPPY DAY和"公司团建"的文字内容作为照片剪辑的遮罩图层。
⑤ 制作HAPPY DAY剪辑的移动和缩放动画，制作"公司团建"剪辑的不透明度和缩放动画，并将剪辑缩短，与下层的照片剪辑形成转场。
⑥ 在剩余的照片剪辑之间添加"急摇""推""叠加溶解"效果，末尾添加"黑场过渡"效果。
⑦ 在最上层轨道添加"调整图层"剪辑，并添加"Lumetri颜色"进行调色，最后输出MP4格式文件。

Premiere Pro

项目六

影视包装，续集精彩

电视节目预告视频剪辑

项目介绍

☞ 情境描述

　　节目预告是电视包装中一种常见的类型。某融媒体中心宣传部发来一项电视节目预告制作任务，本项目需要制作一部简短的节目预告片和节目片尾，作为整个栏目的收尾部分。甲方希望画面效果较为简单，不要过于烦琐，突出节目的信息内容，同时在片尾展示工作人员的名单。

　　本任务要求结合音频内容，采用音频转换成文字、字幕添加及设置、轨道遮罩、视频调色等方式来制作；使用Premiere Pro结合音频节奏对视频进行剪辑，形成画面简洁、主题明确的电视节目预告；最后完成源文件的命名与文件的归档工作，确保所有文件都能被有序、高效地管理和检索。

☞ 任务要求

　　根据任务的情境描述，在14小时内完成电视节目预告短视频的剪辑与包装任务。

　　① 根据任务要求，制作简要脚本，确定视频风格类型、表现形式、配色方案等，要求主题突出、立意正确。

　　② 视频分为节目预告和片尾名单展示两个部分，在制作过程中，准确进行音频转换成文字、字幕添加及设置、视频调色等操作，要求视频比例和谐、制作规范。

　　③ 视频分辨率不小于1080p，帧速率不小于25帧/秒，格式为MP4，时长在15秒以内，版式为横屏。

　　④ 根据工作时间和交付要求，整理、输出并提交符合客户要求的文件。

　　◇ 一份PRPROJ格式的视频剪辑源文件。

　　◇ 一份MP4格式的展示视频。

学习技能目标

◇ 能够叙述电视包装类视频的制作思路。

◇ 会制作多镜头视频。

◇ 能够根据提供的素材列出简单的镜头脚本。

◇ 能够使用"垂直文字工具"输入纵向排列的文本内容。

◇ 能够将语音音频自动转换为文本内容。

◇ 会使用拆分字幕和合并字幕工具调整字幕。

◇ 能够使用"基本图形"面板中的"滚动"选项来制作滚动字幕。

◇ 能够在"效果"面板中使用"颜色替换"来为视频调整颜色。

◇ 能够设置"亮度波形"的曲线，增加画面的亮度。

◇ 能够使用"钢笔工具"在画面左侧绘制一个白色的四边形。

◇ 能够使用"轨道遮罩键"为视频制作特效。

◇ 能够使用"投影"效果为画面增加层次感。

◇ 能够使用"Lumetri颜色"为视频调色。
◇ 能够添加"缩放"关键帧来设置动画效果。
◇ 能够添加"线性擦除"效果制作文字出现动画。
◇ 能够使用"剃刀工具"在适当的位置进行裁剪。
◇ 能够通过调整"RGB曲线"的样式，增加画面的亮度。
◇ 能够添加"位置"关键帧，制作"边栏2"向右移出画面的效果。
◇ 能够添加"级别"关键帧来制作音量淡出效果。
◇ 能够使用"导出"按钮导出MP4格式的视频。

项目知识链接

字幕在视频中可以起到突出主题、点缀画面的作用。运用Premiere Pro的文字工具，能实现很多类型的效果。

文字工具

使用"工具箱"中的"文字工具"，可以在"节目"监视器中输入文字内容。单击"文字工具"后，在"节目"监视器中单击，就会生成输入文字的红框，如图6-1所示。在红框内就可以输入需要的文字内容，输入完成后，如图6-2所示。

扫码看教学视频

图6-1

图6-2

在"时间轴"面板中会显示一个新的文字剪辑，如图6-3所示。默认情况下文字的颜色是白色，若是要更改文字的相关属性，在"效果控件"面板中展开"文本"卷展栏，就可以更改字体、大小和颜色等，如图6-4所示。

图6-3

图6-4

源文本：在该参数上添加关键帧后，可以随着关键帧更改文字内容。

字体：在下拉菜单中选择输入文本的字体。需要注意的是，下拉菜单中的字体为计算机中已经安装的字体，未安装的字体不会出现在该菜单中。

字体样式：在选中字体的下拉菜单中选择不同的字体样式。

字体大小：设置输入文字的大小。

填充： 设置文字的颜色，默认为白色。

描边： 勾选该选项后，可以设置文字描边的颜色，如图6-5所示。

图6-5

背景： 勾选该选项后，会在文字的下层出现一个色块，如图6-6所示。

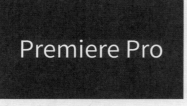

图6-6

阴影： 勾选该选项后，可以生成文字的投影效果，如图6-7所示。

图6-7

💡 **提示**

"文本"卷展栏中的参数与其他软件的文字工具参数用法相似。

除了在"效果控件"面板中调整文字的属性，也可以执行"窗口>基本图形"菜单命令，在"基本图形"面板中进行调整，如图6-8所示。两种方法，读者按照自己的习惯选择即可。

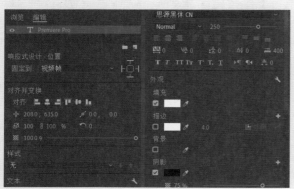

图6-8

垂直文字工具

长按"文字工具"按钮 T，在弹出的菜单中可以切换"垂直文字工具" IT，如图6-9所示。使用"垂直文字工具" IT就能在画面中输入纵向排列的文本内容，如图6-10所示。

图6-9　　　　　　　　图6-10

转录文本

"转录文本"功能在"文本"面板中，可以将一段语音音频自动转换为文字内容，并添加到画面中。这个功能是Premiere Pro 2022中新增加的，可以省去语音音频要先导入外部软件制作字幕后再导回Premiere Pro的麻烦操作，极大地提升了用户的操作体验。

下面简单讲解该功能的使用方法。

第1步： 创建一个序列，导入带有语音音频的素材文件并放置在轨道上，如图6-11所示。

图6-11

第2步： 执行"窗口>文本"菜单命令打开"文本"面板，如图6-12所示。

图6-12

第3步：单击"转录序列"按钮 ，在弹出的对话框中设置"语言"为"简体中文"，"音轨正常"为"音频1"，如图6-13所示。

图6-13

在"语言"下拉菜单中读者可以选择系统提供的语言类型，如图6-14所示。如果发现菜单中语言类型的后方出现云朵样式的图标，代表本机软件没有安装该语言包，需要在线下载。

图6-14

第4步：设置完成后单击"转录"按钮 ，等待软件自动识别语音并转换为文字，如图6-15所示。如果转录完成后读者发现文字有差错也不用担心，在后续编辑时可以修改。"文本"面板中默认显示的字体会将某些文字的字形显示为错误的效果，但实际在画面中是正确的，请读者以实际画面中的样式为准。

图6-15

第5步：单击面板上方的"创建说明性字幕"按钮 ，在弹出的对话框中设置字幕的显示方式，如图6-16所示。这一步的参数设置较为灵活，读者请根据实际情况设置。

图6-16

第6步：单击"创建"按钮 ，就能在"字幕"选项卡中显示每一段转录的语音文字，如图6-17所示。在序列中也能看到创建的文字剪辑，如图6-18所示。

图6-17

图6-18

转录完文字后，就可以在"字幕"选项卡中更加精确地调整转录的文字内容。

字幕

转录完成的文字内容会显示在"字幕"选项卡中，我们可以边听语音边校正错别字和错误的节奏点，如图6-19所示。

扫码看教学视频

图6-19

拆分字幕：如果需要将一段字幕按照语气或断句拆分为两段，选中需要拆分的字幕并单击此按钮，就能将这一段字幕分成两段完全一致的字幕，如图6-20所示。只要分别修改每一段需要保留的部分即可，如图6-21所示。

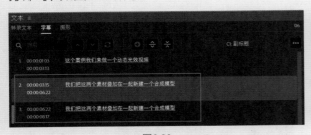

图6-20

图6-21

合并字幕：如果要合并两段语音为一句，就选中需要合并的语句并单击该按钮。

在"节目"监视器中就能观察到添加的字幕信息，如果要修改文字的字体、大小和颜色等，选中"字幕"选项卡中的所有文字，在"基本图形"面板中修改相应的信息即可，如图6-22和图6-23所示。

图6-22

图6-23

滚动字幕

当在画面中输入了很长一段文字后，就可以制作成滚动文字，依次出现在画面中，然后消失。这种类型常出现在影视剧片尾名单或电视节目片尾名单的展示环节。

这种文字展示的形式看起来很复杂，但制作方法却极为简单。在"基本图形"面板中，勾选"滚动"选项就可以实现，如图6-24所示。

启动屏幕外/结束屏幕外：这两个选项勾选后，文字会从屏幕外移动到画面中，最后移动到屏幕外。如果不勾选，则文字会始终出现在画面中。

预卷：设置字幕出现在画面中的时间。

过卷：设置字幕离开画面的时间。

图6-24

 # 分析整理素材

甲方提供的素材比较简单，只有节目片段的画面，以及主题信息和后期工作人员名单，如图6-25所示。

图6-25

☞ 镜头脚本

根据甲方的制作需求，镜头构成也很明确，分为预告和片尾两个独立的镜头。

镜头序号	镜头描述	素材
镜头一	预告"展示素材"注明主题文字	主题：近郊旅行好去处
镜头二	片尾：展示后期工作人员名单	工作人员名单（文档）

☞ 音频素材

寻找柔和的、慢节奏的音乐，如图6-26所示。

2575219.mp4　5642529.mp4　背景音乐.mp3　文字内容.txt

图6-26

☞ 视频素材

视频素材需要寻找一个合适的画面背景。纯色的背景虽然也可以，但对于画面来说过于简单，缺乏精致感。笔者在素材库中找到一段单色但拥有画面变化的视频，可以用作背景，如图6-27所示。但素材的色调不是很合适，需要在制作时调整整体色调。

图6-27

任务实施

任务6.1　影视节目预告镜头制作

两个镜头之间差异较大，下面逐一进行制作。首先制作节目预告镜头，需要展示素材视频和主题文字。

1.背景处理

01 在Premiere Pro中新建一个项目，然后将学习资源中的素材文件全部导入"项目"面板中，如图6-28所示。

扫码看教学视频

图6-28

02 新建HD 1080p 25 fps序列，命名为"预告"，然后将"质感背景.mp4"素材文件添加到轨道上，调整剪辑长度为5秒10帧，如图6-29所示。效果如图6-30所示。

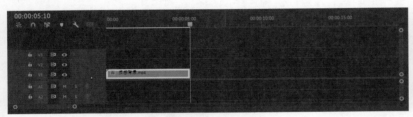
图6-29

图6-30

03 背景的颜色不是很合适，需要进行调整。在"效果"面板中搜索"颜色替换"效果，添加到剪辑上，设置"相似性"为46，"目标颜色"为蓝色，"替换颜色"为白色，如图6-31所示。效果如图6-32所示。

 提示

使用"目标颜色"的吸管工具，能快速拾取画面中的蓝色。

图6-31

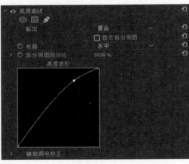
图6-32

04 在"效果"面板中搜索"亮度曲线"效果，添加到剪辑上，设置"亮度波形"的曲线，增强画面的亮度，如图6-33所示。效果如图6-34所示。

图6-33　　　　　　　　　　　图6-34

2.边栏制作

01 使用"钢笔工具" 🖋在画面左侧绘制一个白色的四边形，如图6-35所示。

02 将绘制的图形剪辑进行"嵌套"，命名为"边栏"，并将"边栏"剪辑的起始位置移动到10帧的位置，如图6-36所示。

图6-35

图6-36

03 双击进入"边栏"剪辑，在"图形"剪辑下方添加"质感背景.mp4"素材文件，如图6-37所示。效果如图6-38所示。

图6-37

图6-38

04 在"质感背景.mp4"剪辑上添加"颜色替换"效果，设置"替换颜色"为土黄色，如图6-39所示。效果如图6-40所示。

图6-39

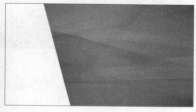

图6-40

05 添加"亮度曲线"效果，增强背景部分的亮度，如图6-41所示。效果如图6-42所示。

06 添加"轨道遮罩键"效果到"质感背景.mp4"剪辑上，设置上层轨道的"图形"剪辑为遮罩，效果如图6-43所示。

图6-42

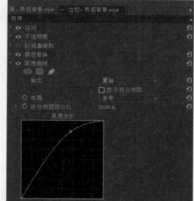

图6-41

图6-43

07 移动播放指示器到20帧的位置，添加"图形"剪辑的"位置"关键帧，然后在剪辑起始位置将其向左移出画面，动画效果如图6-44所示。

图6-44

08 返回"预告"序列，此时效果如图6-45所示。可以发现两个色块之间没有层次感。

图6-45

117

09 在"边栏"剪辑上添加"投影"效果，设置"距离"为45，"柔和度"为16，如图6-46所示。效果如图6-47所示。

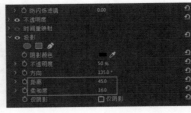

图6-46

图6-47

3.素材01

01 在V3轨道上添加5642529.mp4素材文件，起始位置与"边栏"剪辑对齐，如图6-48所示。效果如图6-49所示。

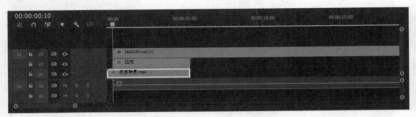

图6-48

图6-49

02 裁剪多余的素材剪辑，使素材剪辑的末尾与下方剪辑齐平，如图6-50所示。

图6-50

03 将素材剪辑进行"嵌套"，命名为"素材01"，如图6-51所示。

图6-51

04 双击进入"素材01"序列，在上方添加"质感背景.mp4"素材，如图6-52所示。效果如图6-53所示。

图6-52

图6-53

> 💡 **提示**
>
> 可以在"预告"序列中直接复制"质感背景.mp4"剪辑，剪辑中的素材和添加的效果会一并记录保留，然后将剪辑粘贴到"素材01"序列中。

05 使用"矩形工具" ▣ 在背景画面上绘制一个矩形，取消勾选"填充"选项，勾选"描边"选项，设置"描边"为白色，"描边宽度"为20，"描边方式"为"中心"，如图6-54所示。

图6-54

06 在"质感背景.mp4"剪辑上添加"轨道遮罩键"效果，设置白色的矩形线框为遮罩，效果如图6-55所示。

图6-55

07 现有的素材画面颜色不够鲜艳。新建一个"调整图层"放在顶端，然后添加"Lumetri颜色"效果，如图6-56所示。

图6-56

08 在"基本校正"卷展栏中调整画面的"色彩""饱和度""曝光"等的数值，增强画面整体的亮度和对比度，降低饱和度，如图6-57所示。

图6-57

09 在"创意"卷展栏中添加Look滤镜，并降低滤镜的强度，增加"淡化胶片"的数值，如图6-58所示。

图6-58

10 在"曲线"卷展栏中调整"RGB曲线"，增强画面的对比度，如图6-59所示。

图6-59

11 返回"预告"序列，设置"素材01"剪辑的"缩放"为60，然后向画面右上角的位置移动，如图6-60所示。

图6-60

12 在2秒04帧的位置添加"缩放"关键帧，然后在1秒04帧的位置设置"缩放"为0，动画效果如图6-61所示。

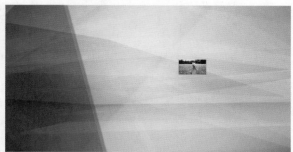

图6-61

13 观察现有的画面效果，会发现"素材01"
存在层
次感不够的问题。
在"素材01"剪辑
上添加"投影"效
果，设置相关的
参数，如图6-62
所示。效果如图
6-63所示。

图6-62

图6-63

14 使用"垂直文字工具" **T** 在画面左侧输
入"下期预告"，设置"字体"为"汉仪
综艺体简"，"字体大小"为140，"填充"为白
色，如图6-64所示。

图6-64

15 将"下期预告"文字剪辑进行"嵌套"，
重命名为"下期预告"，如图6-65所示。

图6-65

16 双击进入"下期预告"嵌套序列，然后
在文字剪辑下方添加调整成白色的"质
感背景.mp4"剪辑，如图6-66所示。效果如图
6-67所示。

图6-66

图6-67

17 在"质感背景.mp4"剪辑上添加"轨道遮
罩键"效果，设置文字剪辑为遮罩，效果
如图6-68所
示。返回"预
告"序列，效
果如图6-69
所示。

图6-68

图6-69

18 观察"预告"序列中的文字效果，需要增
加一些层次感。给文字剪辑添加"投影"
效果，使文
字显得更加
立体，如图
6-70所示。

图6-70

19 在"下期预告"剪辑上添加"线性擦除"
效果，在1秒21帧处设置"过渡完成"为
100%，然后在2秒05帧的位置设置"过渡完成"
为0%，"擦
除角度"为
0°，动画效
果如图6-71
所示。

图6-71

图6-71（续）

20 使用"文字工具" **T** 在素材画面下方输入白色的"近郊旅行好去处"文字内容，如图6-72所示。

图6-72

21 将上一步的文字剪辑进行嵌套，重命名为"近郊旅行好去处"，如图6-73所示。

图6-73

22 双击进入"近郊旅行好去处"嵌套序列，在文字剪辑下方粘贴土黄色的"质感背景.mp4"剪辑，如图6-74所示。效果如图6-75所示。

图6-74

图6-75

23 在"质感背景.mp4"剪辑上添加"轨道遮罩键"效果，设置文字剪辑为遮罩，如图6-76所示。返回"预告"序列，效果如图6-77所示。

图6-76

图6-77

24 在"近郊旅行好去处"序列上添加"线性擦除"效果，在2秒08帧处设置"过渡完成"为100%，3秒01帧处设置"过渡完成"为0%，"擦除角度"为-90°，动画效果如图6-78所示。

图6-78

任务6.2 影视节目片尾动态设计

扫码看教学视频

节目片尾的制作思路是在素材视频上叠加可以移动的色块，并配上滚动的后期人员名单。

1.背景处理

01 新建HD 1080p 25 fps序列，命名为"片尾"，然后添加2575219.mp4素材文件到轨道上，如图6-79所示。效果如图6-80所示。

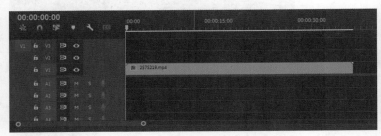

图6-79

图6-80

02 使用"剃刀工具" 在5秒的位置进行裁剪，并删掉多余的剪辑，如图6-81所示。

图6-81

03 现有的素材颜色较深，与之前画面的颜色差异较大。新建调整图层，然后添加"Lumetri颜色"效果，如图6-82所示。

图6-82

04 在"基本校正"卷展栏中调整"色温""饱和度""曝光"等的参数，效果如图6-83所示。

图6-83

05 在"创意"卷展栏中添加Look滤镜，然后调整其强度，并设置"淡化胶片"为20，如图6-84所示。

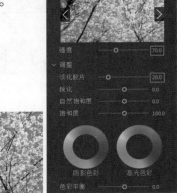

图6-84

06 在"曲线"卷展栏中，调整"RGB曲线"的样式，提升画面的亮度，如图6-85所示。

图6-85

07 观察调整完的画面，会发现蓝色的天空有些突兀。在"色相与饱和度"曲线中，降低蓝色的饱和度，如图6-86所示。

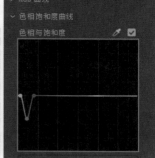

💡 **提示**

使用吸管工具 🖊️吸取天空的蓝色，就可以在曲线上快速定位相应的颜色位置。

图6-86

08 在"色相与亮度"曲线中，提升蓝色的亮度，效果如图6-87所示。

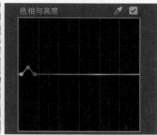

图6-87

2.边栏制作

01 使用"钢笔工具" 🖊️在画面右侧绘制一个四边形，设置"填充"为白色，"不透明度"为80%，如图6-88所示。

02 将上一步生成的剪辑进行嵌套，重命名为"边栏2"，如图6-89所示。

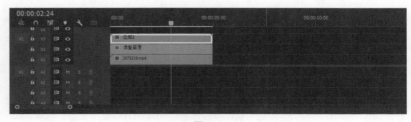

图6-88   图6-89

03 双击进入"边栏2"序列，在图形剪辑的下方添加白色的"质感背景.mp4"剪辑，效果如图6-90所示。

04 在"质感背景.mp4"剪辑上添加"轨道遮罩键"效果，设置上层的图形剪辑为遮罩，效果如图6-91所示。返回"片尾"序列，效果如图6-92所示。

图6-90   图6-91   图6-92

05 在"边栏2"剪辑的15帧位置，添加"位置"关键帧，然后在起始位置向右移出画面，动画效果如图6-93所示。

图6-93

06 在"项目"面板中复制"边栏2"生成"边栏3"，然后添加到"边栏2"上方的轨道，如图6-94所示。

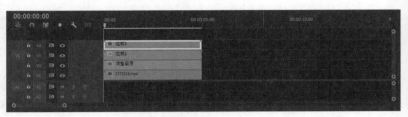

图6-94

07 双击进入"边栏3"嵌套序列，替换白色的"质感背景.mp4"剪辑为土黄色的"质感背景.mp4"剪辑，如图6-95所示。

08 返回"片尾"序列，在20帧位置添加"边栏3"剪辑的"位置"关键帧，然后在5帧位置向右移出画面，动画效果如图6-96所示。

图6-95　　　　　　　　　　　　　　　　图6-96

> 💡 **提示**
> 从预告的"边栏"嵌套序列中复制"质感背景.mp4"剪辑，粘贴到片尾的嵌套序列中即可。

3.滚动文字

01 使用"文字工具" T 在土黄色的色块上输入后期人员的名单，如图6-97所示。

02 选中文字剪辑，在"基本图形"面板中勾选"滚动"选项，如图6-98所示。

> 💡 **提示**
> 学习资源对应案例的素材文件夹中的"文字内容.txt"文档里有完整的名单。读者复制里面的文字，粘贴进来即可。

图6-97　　　　　　　　　　　　　图6-98

03 移动播放指示器，就可以观察到文字在画面中由下往上的滚动效果，如图6-99所示。

图6-99

04 观察文字出现和消失的时间节点，会发现在两个色块都出现后、文字出现之前有一个10帧的间隙。设置"预卷"为1秒，如图6-100所示，就可将这个间隙缩短到5帧，从而让画面节奏显得更加流畅。

图6-100

任务6.3 适配画面音乐合成制作

合成相对简单，只需要将两个制作完的序列头尾相接即可。音乐则需要适配画面的长度。

扫码看教学视频

01 新建一个HD 1080p 25 fps序列，然后将制作好的"预告"和"片尾"两个嵌套序列依次排列在轨道上，如图6-101所示。

图6-101

提示

两个画面之间不需要额外的转场连接。

02 将"项目"面板中的音频素材添加到轨道上，如图6-102所示。

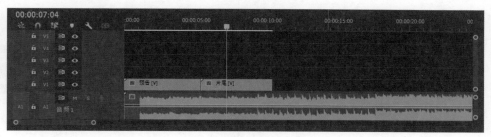

图6-102

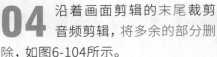

03 音频比画面剪辑的长度长得多，需要进行裁剪。观察音频的波形图，在开始的一小段时间内音频是没有声音的，需要将这一段删掉，如图6-103所示。

图6-103

04 沿着画面剪辑的末尾裁剪音频剪辑，将多余的部分删除，如图6-104所示。

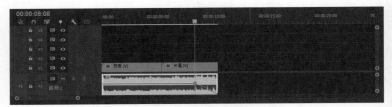

图6-104

05 聆听音频，会发现到结尾时声音突然就没了，显得特别仓促。在8秒08帧的位置添加"级别"关键帧，然后在剪辑末尾设置"级别"的数值为最小，如图6-105所示。

图6-105

> 💡 **提示**
> 默认情况下看不到音频剪辑上的关键帧图标。将轨道向下拖曳增加高度，就可以显示关键帧。

任务6.4 影片输出

扫码看教学视频

影片制作完成后，按空格键整体播放一遍，检查有没有需要调整的地方，如果没有的话，就可以将其输出为影片格式的文件，提交给项目方。

01 单击上方的"导出"按钮 导出，切换到"导出"界面，然后设置"文件名""位置""格式"等，如图6-106所示。

02 设置完成后，单击界面右下角的"导出"按钮 导出，就可以导出视频，如图6-107所示。

图6-106

图6-107

03 导出完成后，在设置的输出路径中就能找到该文件，如图6-108所示。

图6-108

项目总结与评价

☞ 设计总结

☞ 项目评价

评价内容	评价标准	分值	学生自评	小组评定
分析整理素材	能够叙述电视包装类视频的制作思路	5		
	会制作多镜头视频	5		
	能够根据提供的素材列出简单的镜头脚本	5		
	能够使用"垂直文字工具"输入纵向排列的文本内容	5		
	能够将语音音频自动转换为文本内容	5		
	会使用拆分字幕和合并字幕工具调整字幕	5		
	能够使用"基本图形"面板中的"滚动"选项来制作滚动字幕	5		
节目预告	能够在"效果"面板中使用"颜色替换"来为视频调整颜色	5		
	能够设置"亮度波形"的曲线，增加画面的亮度	5		
	能够使用"钢笔工具"在画面左侧绘制一个白色的四边形	5		
	能够使用"轨道遮罩键"为视频制作特效	5		
	能够使用"投影"效果为画面增加层次感	5		
	能够使用"Lumetri颜色"为视频调色	5		
	能够添加"缩放"关键帧来设置动画效果	5		
	能够添加"线性擦除"效果制作文字出现动画	5		
节目片尾	能够使用"剃刀工具"在适当的位置进行裁剪	5		
	能够通过调整"RGB曲线"的样式，增加画面的亮度	5		
	能够添加"位置"关键帧，制作"边栏2"向右移出画面的效果	5		
合成音乐	能够添加"级别"关键帧来制作音量淡出效果	5		
影片输出	能够使用"导出"按钮导出MP4格式的视频	5		
总计		100		

拓展训练：新品直播预告

扫码看教学视频

　　某短视频博主要在平台上进行新品直播，需要在前期先做一个预告短视频进行预热。预告视频要时长短，注明直播的时间及展示要售卖的部分商品。

☞ 习题要求

◇　视频主题：新品直播预告
◇　分辨率：1080p
◇　视频格式：MP4
◇　视频时长：10秒以内
◇　视频要求：添加图片、音乐和文字信息
◇　视频版式：竖屏

☞ 步骤提示

①　打开Premiere Pro，新建项目并导入照片和背景音乐。

②　新建"社交媒体纵向9x16 30fps"序列，并将音乐素材添加到"时间轴"面板中。

③　根据音乐节奏，输入相应的文字，添加照片素材，并调整剪辑的长度。

④　将"新品发布"文字剪辑向上复制两份，全部添加"颜色平衡（RGB）"效果，每个剪辑设置为一个单色。在最上层的"新品发布"剪辑上添加"变换"效果，根据音乐节奏添加"缩放"关键帧。

⑤　将3个"新品发布"文字剪辑进行嵌套，并添加"VR数字故障"效果，根据音乐节奏设置"主振幅""颜色变化""随机植入"关键帧。

⑥　在最后一个文字剪辑下方添加音频，并降低背景音频末尾的音量。

⑦　输出MP4格式的文件。

Premiere Pro

动感节奏，视音同步

卡 点 音 效 短 视 频 制 作

项目介绍

☞ 情境描述

节奏卡点短视频可以运用在很多领域。某文旅公司宣传部发来一项短视频制作任务，需要完成一个风景展示类的节奏卡点短视频，根据音乐的节奏确定转场时间，配合不同的动画丰富画面。

本任务要求结合音频内容，采用音频搭配、添加花屏效果、添加轨道遮罩、视频调色等方式来制作；使用Premiere Pro结合音频节奏对视频进行剪辑，形成节奏准确、主题突出的短视频；最后完成源文件的命名与文件的归档工作，确保所有文件都能被有序、高效地管理和检索。

☞ 任务要求

根据任务的情境描述，在12小时内完成风景展示类的节奏卡点短视频的剪辑与包装任务。

① 根据任务要求，确定视频风格类型、表现形式、配色方案等，根据音乐节奏对素材进行卡点转场。

② 在制作过程中，准确进行效果添加、音频剪辑、视频调色，要求视频比例和谐、制作规范。

③ 视频分辨率不小于1080p，帧速率不小于25帧/秒，格式为MP4，时长在12秒以内，版式为横屏。

④ 根据工作时间和交付要求，整理、输出并提交符合客户要求的文件。

◇ 一份 PRPROJ 格式的视频剪辑源文件。

◇ 一份 MP4 格式的展示视频。

学习技能目标

◇ 能够叙述节奏卡点视频的制作思路。
◇ 能够根据视频内容寻找节奏感较强的音频。
◇ 能够通过添加"级别"关键帧，调节剪辑末尾的音量。
◇ 能够使用"剃刀工具"在适当的位置进行裁剪。
◇ 能够通过"速度 / 持续时间"选项来调节视频播放速度。
◇ 能够添加"VR 数字故障"制作画面花屏效果。
◇ 能够执行"显示剪辑关键帧 > 时间重映射 > 速度"命令来调整视频速度。
◇ 能够使用"矩形工具"在剪辑上绘制一个白色矩形。
◇ 能够使用"轨道遮罩键"为视频制作特效。
◇ 能够添加"缩放"关键帧制作视频缩放效果。
◇ 能够通过"颜色平衡（RGB）"设置画面颜色错位效果。
◇ 能够通过"Lumetri 颜色"等工具对视频进行整体调色。
◇ 能够利用"基本校正"等工具对视频进行单独调色。
◇ 能够使用"导出"按钮导出 MP4 格式的视频。

项目知识链接

调色是视频剪辑中非常重要的一个环节，一幅作品的颜色会在很大程度上影响观看者的心理。下面介绍一些调色的相关知识。

调色的相关命令

色相是调色中常用的词语，表示画面的整体颜色倾向，也叫作色调，图7-1所示是不同色调的图像。

图7-1

饱和度指画面的颜色鲜艳程度，也叫作纯度。饱和度越高，整个画面的颜色越鲜艳，图7-2所示是不同饱和度的图像。

图7-2

明度指色彩的明亮程度。色彩的明度不仅指同种颜色的明度变化，也指不同颜色的明度变化，图7-3和图7-4所示是两类明度变化效果。

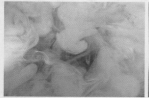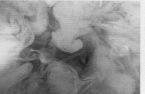

图7-3

图7-4

曝光度指图像在拍摄时呈现的亮度。曝光过度会让图像发白，曝光不足会让图像发黑，如图7-5所示。

图7-5

调色的要素

调整图像的色调可以从图像的明暗、对比度、曝光度、饱和度和色调等方面进行调整，对于初学者来说，使用哪种工具进行调色会比较难以抉择。下面从4个方面为读者简单讲解调色的要素。

1.调整画面的整体

在调整图像时，通常是从整体进行观察，如图像整体的亮度、对比度、色调和饱和度等。遇到这些方面的问题，就需要先进行处理，让图像的整体变为正确的效果，如图7-6和图7-7所示。

图7-6

图7-7

2.细节处理

整体调整后的图像看起来已经较为合适，但

有些细节部分仍然可能不尽如人意。例如，某些部分的亮度不合适，或是要调整局部的颜色，如图7-8和图7-9所示。

图7-8

图7-9

3.融合各种元素

在制作一些视频的时候，往往需要在里面添加一些其他元素。当添加新的元素后，可能会造成整体画面不和谐。这可能是大小比例、透视角度和虚实程度等方面存在问题，也可能是元素与主体色调不统一。图7-10所示的蓝色纸飞机与绿色的背景不合适，需要调整为黄色。

图7-10

4.增加气氛

通过上面3个步骤，画面的整体和细节都得到了很好的调整，大致呈现了合格的图像。但只是合格还不够，要想图像脱颖而出吸引用户，就需要增加一些气氛。例如，让图像的颜色与主题契合，或增加一些效果起到点睛的作用，如图7-11和图7-12所示。

图7-11

图7-12

Lumetri颜色

扫码看教学视频

"Lumetri颜色"是一种功能丰富且实用性强的调色效果，可通过多种方式调整画面的高光、阴影、色相和饱和度等信息，类似于Photoshop中的调色工具，如图7-13所示。"效果控件"面板如图7-14所示。

调整前　　　　　　　调整后

图7-13

图7-14

1.基本校正

"基本校正"卷展栏中的参数用于调整剪辑画面的色温、色彩、高光、阴影和饱和度等，如图7-15所示。

图7-15

输入LUT：在下拉
菜单中可以选择软件
自带的LUT调色文件，
也可以加载外部的LUT
文件，如图7-16所示。

图7-16

自动：单击该按钮，软件会根据画面效果自
动进行颜色校正。

白平衡：设置画面的白平衡，一般保持默认
状态。

色温：控制画面的色温，如图7-17所示。

图7-17

色彩：控制画面的色调，如图7-18所示。

图7-18

饱和度：控制画面的颜色浓度。

曝光：控制画面的曝光强度。

对比度：控制画面的明暗对比度。

高光：控制画面高光部分的明暗。

阴影：控制画面阴影部分的明暗。

白色：控制画面亮部的明暗。

黑色：控制画面暗部的明暗。

💡 提示

高光和白色在调整时在视觉上效果相似，没有太
大区别，但是在"Lumetri范围"面板的曲线上就会明
显地观察到区别。阴影和黑色也是相同的道理。

2.创意

"创意"卷展栏中的参数用于调整剪辑画面
的锐化、自然饱和度、阴影和高光的颜色，以及
色彩平衡等，如图7-19所示。

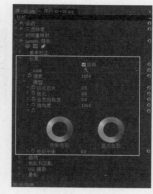

图7-19

Look：在下拉菜单中可以选择不同的滤镜
效果，图7-20所示是两个不同的滤镜效果。

图7-20

强度：控制滤镜的强度。

淡化胶片：该参数可以让画面产生胶片感，
如图7-21所示。

图7-21

锐化：该参数可以锐化画面。

自然饱和度：该参数控制画面的饱和度。

饱和度：该参数控制画面的饱和度。

💡 提示

"自然饱和度"相比于"饱和度"，在画面的颜色
过渡上更加平缓。

阴影色彩：在色轮中调整画面阴影部分的
色调，如图7-22所示。

图7-22

高光色彩：在色轮中调整画面高光部分的

色调，如图7-23所示。

图7-23

色彩平衡：控制两个色轮的颜色强度。

3.曲线

"曲线"卷展栏通过曲线调整剪辑画面的亮度、饱和度和通道颜色等，如图7-24所示。

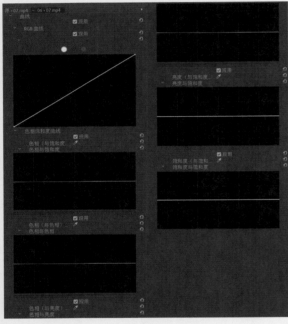

图7-24

RGB曲线：可以调整全图、红、绿和蓝4个通道的曲线，从而控制画面整体的明暗或3个通道各自颜色的含量。

色相与饱和度：在该曲线中可以单独控制一种或多种颜色的饱和度，如图7-25所示。

图7-25

色相与色相：在该曲线中可以更改一种或多种颜色的色相，如图7-26所示。

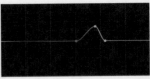

图7-26

色相与亮度：在该曲线中可以更改一种或多种颜色的亮度，如图7-27所示。

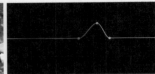

图7-27

亮度与饱和度：在该曲线中根据不同的亮度级别调节画面的饱和度。

饱和度与饱和度：在该曲线中根据不同的饱和度级别调节画面的饱和度。

4.色轮和匹配

"色轮和匹配"通过色轮调整剪辑画面的阴影、中间调和高光区域的颜色等，如图7-28所示。

比较视图：单击该按钮后，"节目"监视器会变成左右两个画面，方便对比调节前后的效果。

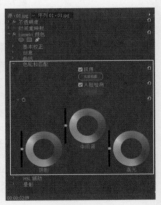

图7-28

阴影：通过色轮调节画面阴影部分的色调和亮度，如图7-29所示。

图7-29

> 💡 **提示**
>
> 色轮用于调节区域的色调，左侧的控制器用于调节区域的亮度，如图7-30所示。
>
>
>
> 图7-30

中间调：通过色轮调节画面中间调部分的色调和亮度，如图7-31所示。

图7-31

高光：通过色轮调节画面高光部分的色调和亮度，如图7-32所示。

图7-32

5.HSL辅助

"HSL辅助"用于调整单独颜色的亮度和饱和度等，如图7-33所示。

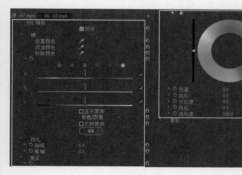

图7-33

设置颜色/添加颜色/移除颜色：设置需要更改色相的颜色范围。

H/S/L：调整拾取颜色的色相、饱和度和亮度。

显示蒙版：勾选该选项后会显示蒙版，如图7-34所示。蒙版中只会显示拾取的颜色范围，未拾取的颜色则显示为灰色，不受调整影响。

图7-34

反转蒙版：勾选该选项后会反转蒙版效果，只显示未拾取的颜色范围。

重置：单击该按钮，会重置卷展栏中的所有设置。

降噪：调整蒙版的边缘使之更加圆滑，如图7-35所示。

图7-35

模糊：增加蒙版的模糊度，使其边缘变得更加柔和，如图7-36所示。

色轮：快速调整拾取颜色的色相，如图7-37所示。

图7-36　　　　　　　图7-37

色温/色彩：通过数值调整拾取颜色的色相。

对比度：调整拾取颜色的对比度。

锐化：增加拾取颜色区域的锐化效果。

饱和度：调整拾取颜色区域的饱和度。

6.晕影

"晕影"卷展栏用于在画面四角添加白色或黑色的晕影，如图7-38所示。

图7-38

数量：当该数值为正值时添加白色晕影，当该数值为负值时添加黑色晕影，如图7-39所示。

图7-39

中点：调整晕影的范围，如图7-40所示。

图7-40

圆度：调整晕影的外形，如图7-41所示。

羽化：调整晕影边缘的羽化效果。

图7-41

分析整理素材

现有的素材都为拍摄的视频片段，如图7-42所示。

根据节奏卡点这一特性，需要寻找一段节奏感较强、方便卡点的音乐，如图7-43所示。

图7-42 　　　　　　　　　　　　　　　　　　　　　　图7-43

任务实施

任务7.1 视频粗剪

根据背景音乐的节奏，先将视频素材依次排列，调整相应的长度。

扫码看教学视频

1.音乐处理

01 在Premiere Pro中新建一个项目，然后将学习资源中的素材文件全部导入"项目"面板中，如图7-44所示。

图7-44

02 新建HD 1080p 25 fps序列，然后将18594.wav素材文件添加到轨道上，如图

7-45所示。

图7-45

03 项目要求总体时长不超过12秒，聆听音乐节奏，在10秒20帧的位置裁剪音频剪辑，并删掉多余的部分，如图7-46所示。

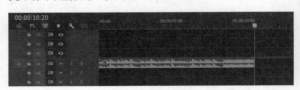

图7-46

04 在10秒的位置添加"级别"关键帧，然后在剪辑末尾将音量降到最低，如图7-47所示。

图7-47

2.添加素材

01 将01.mp4素材文件添加到V1轨道上，根据音乐节奏，在1秒07帧的位置进行裁剪，并删掉多余的部分，如图7-48所示。效果如图7-49所示。

图7-48

图7-49

02 添加02.mp4素材到轨道上，在1秒16帧的位置进行裁剪，并删掉多余的部分，如图7-50所示。效果如图7-51所示。

图7-50

图7-51

03 添加03.mp4素材到轨道上，在1秒20帧的位置进行裁剪，并删掉多余的部分，如图7-52所示。效果如图7-53所示。

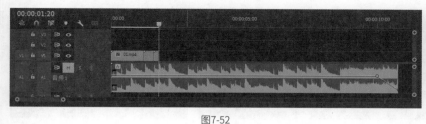

图7-52

图7-53

04 添加04.mp4素材到轨道上，在2秒04帧的位置进行裁剪，并删掉多余的部分，如图7-54所示。效果如图7-55所示。

图7-54

图7-55

05 添加05.mp4素材到轨道上，在2秒23帧的位置进行裁剪，并删掉多余的部分，如图7-56所示。效果如图7-57所示。

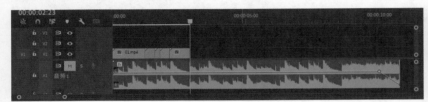

图7-56

图7-57

06 添加06.mp4素材到轨道上，在3秒06帧的位置进行裁剪，并删掉多余的部分，如图7-58所示。效果如图7-59所示。

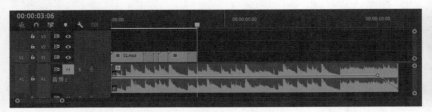

图7-58

图7-59

07 添加07.mp4素材到轨道上，在4秒03帧的位置进行裁剪，并删掉多余的部分，如图7-60所示。效果如图7-61所示。

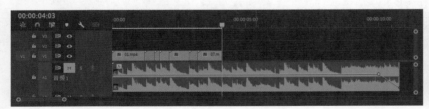

图7-60

图7-61

08 添加08.mp4素材到轨道上，在5秒01帧的位置进行裁剪，并删掉多余的部分，如图7-62所示。效果如图7-63所示。

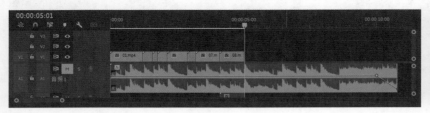

图7-62

图7-63

09 添加09.mp4素材到轨道上，在6秒07帧的位置进行裁剪，并删掉多余的部分，如图7-64所示。效果如图7-65所示。

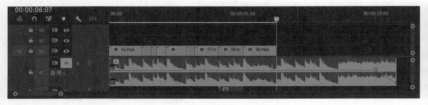

图7-64

图7-65

10 添加10.mp4素材到轨道上，在7秒的位置进行裁剪，并删掉多余的部分，如图7-66所示。效果如图7-67所示。

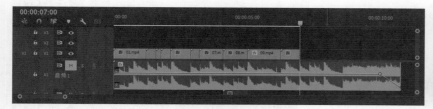

图7-66　　　　　　　　　　　　　　　　　　　　　图7-67

11 添加11.mp4素材到轨道上，在7秒09帧的位置进行裁剪，并删掉多余的部分，如图7-68所示。效果如图7-69所示。

图7-68　　　　　　　　　　　　　　　　　　　　　图7-69

12 添加12.mp4素材到轨道上，在7秒22帧的位置进行裁剪，并删掉多余的部分，如图7-70所示。效果如图7-71所示。

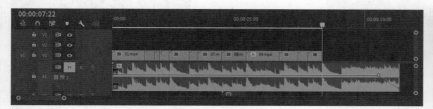

图7-70　　　　　　　　　　　　　　　　　　　　　图7-71

13 添加13.mp4素材到轨道上，在8秒15帧的位置进行裁剪，并删掉多余的部分，如图7-72所示。

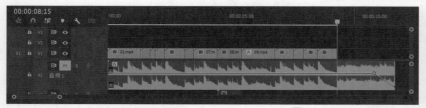

图7-72

14 添加14.mp4素材到轨道上，在音频剪辑的末尾齐平位置进行裁剪，并删掉多余的部分，如图7-73所示。效果如图7-74所示。

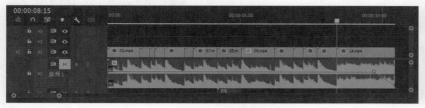

图7-73　　　　　　　　　　　　　　　　　　　　　图7-74

扫码看教学视频

　　调整完视频剪辑的长度后，根据素材画面和音乐节奏添加一些动画，让整体节奏更加紧凑，画面也更加丰富。

1.剪辑01

01 播放画面，此时01.mp4素材的播放速度偏慢。选中剪辑，单击鼠标右键，在弹出的菜单中选择"速度/持续时间"选项，如图7-75所示。

图7-75

02 在弹出的对话框中，设置"速度"为200%，如图7-76所示。增加播放速度后，会发现原有的剪辑变短，如图7-77所示。

图7-76

图7-77

03 拖曳剪辑的末尾，补齐空隙部分，此时在剪辑上就可以看到播放速度是200%，如图7-78所示。

图7-78

04 在"效果"面板搜索"VR数字故障"效果，添加到01.mp4剪辑上。根据音乐节奏，在12帧的位置添加"主振幅""颜色演化""随机植入"关键帧，并设置"帧布局"为"立体-上/下"，如图7-79所示。

图7-79

05 在13帧处设置"主振幅"为100，"颜色演化"为40°，"随机植入"为30，如图7-80所示。此时画面产生花屏效果，如图7-81所示。

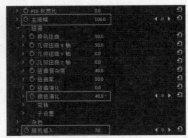
图7-80

图7-81

06 在14帧的位置，将这3个参数的数值都设置为0，画面又恢复正常，如图7-82所示。

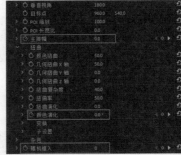
图7-82

💡 **提示**

　　这3个参数的关键帧最好都调整为"缓入"和"缓出"效果。

07 复制所有的关键帧，在18帧处粘贴，画面会再一次出现花屏效果，如图7-83所示。

图7-83

💡 **提示**

18帧处音频会有一个明显的节奏点，此时出现花屏效果正好对应了节奏点。读者也可以在其他节奏点上添加关键帧，以呈现更加丰富的效果。

2.剪辑05

01 拉高视频轨道，就会显示每个剪辑的画面，如图7-84所示。

图7-84

02 在05.mp4剪辑上单击鼠标右键，在弹出的菜单中选择"显示剪辑关键帧>时间重映射>速度"选项，就可以显示剪辑的速度曲线，如图7-85和图7-86所示。

图7-85

图7-86

03 在2秒11帧的位置，添加"速度"关键帧，然后将关键帧右侧的曲线向下拖曳到30%的位置，此时剪辑会变长，如图7-87所示。

图7-87

💡 **提示**

速度曲线向上拖曳会加快播放速度，向下拖曳会减慢播放速度。

04 拖曳关键帧右侧的控制点到2秒16帧的位置，曲线会形成斜线效果，此时剪辑会变短，如图7-88所示。拖曳末尾补齐空隙，如图7-89所示。

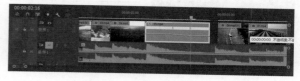

图7-88

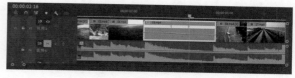

图7-89

05 播放画面会发现速度变化不是很明显，将剪辑的播放速度整体增加到300%，如图7-90所示。

图7-90

💡 **提示**

增加整体播放速度后，剪辑会变短，需要移动速度关键帧的位置。

3.剪辑07

01 使用"矩形工具"▢在07.mp4剪辑上绘制一个白色的矩形，在"基本图形"面板中设置"宽"为1920，"高"为260，如图7-91所示。

图7-91

02 将图形剪辑转换为嵌套序列，并命名为07，如图7-92所示。

图7-92

03 双击进入07序列，将矩形图层复制3份，然后进行排列，如图7-93所示。效果如图7-94所示。

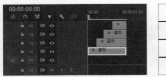
图7-93

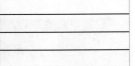
图7-94

💡 **提示**

4个剪辑的长度是按照音频节奏确定的。

04 返回原有序列，在07.mp4剪辑上添加"轨道遮罩键"效果，设置07剪辑为遮罩，如图7-95所示。

图7-95

4.剪辑08

01 使用"矩形工具"▣在08.mp4剪辑上绘制一个白色的矩形，设置"宽"为475，"高"为1080，如图7-96所示。

图7-96

02 将矩形图层转换为嵌套序列，命名为08，如图7-97所示。

图7-97

03 双击进入08序列，复制3份白色矩形依次排开，如图7-98所示。效果如图7-99所示。

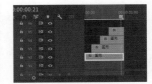
图7-98

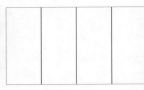
图7-99

04 返回原有的序列，在08.mp4剪辑上添加"轨道遮罩键"效果，设置08剪辑为遮罩，如图7-100所示。

图7-100

5.剪辑09

01 选中09.mp4素材，在5秒10帧的位置添加"缩放"关键帧，然后在剪辑起始位置设置"缩放"为580，动画效果如图7-101所示。

图7-101

02 选中两个关键帧，为其设置"缓入"和"缓出"效果，并调节速度曲线，如图7-102所示。

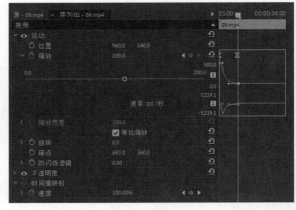
图7-102

6.剪辑12

01 选中12.mp4剪辑，将其转换为嵌套序列，命名为12，如图7-103所示。

图7-103

02 双击进入12序列，将12.mp4剪辑向上复制两份，如图7-104所示。

图7-104

03 在V1轨道的剪辑上添加"颜色平衡(RGB)"效果，然后设置"混合模式"为"滤色"，"红色"和"绿色"为0，"蓝色"为100，如图7-105所示。效果如图7-106所示。

图7-105　　　　　　　　　图7-106

04 在V2轨道的剪辑上也添加"颜色平衡(RGB)"效果，然后设置"混合模式"为"滤色"，"红色"和"蓝色"为0，"绿色"为100，如图7-107所示。效果如图7-108所示。

图7-107　　　　　　　　　图7-108

05 在V3轨道的剪辑上继续添加"颜色平衡(RGB)"效果，然后设置"混合模式"为"滤色"，"绿色"和"蓝色"为0，"红色"为100，如图7-109所示。效果如图7-110所示。画面又恢复了原来的效果。

图7-109　　　　　　　　　图7-110

06 继续在V3轨道上添加"变换"效果，在3帧和5帧处添加"缩放"关键帧，在4帧处设置"缩放"为105，如图7-111所示。此时画面为颜色错位效果，如图7-112所示。

图7-111　　　　　　　　　图7-112

07 根据音乐节奏，将3个关键帧多次复制，如图7-113所示。这一步读者可以随意发挥。

图7-113

7.剪辑13

01 在8秒10帧处，为13.mp4剪辑添加"缩放"关键帧，然后在剪辑末尾设置"缩放"为200，动画如图7-114所示。

图7-114

02 将添加的关键帧设置为"缓入"和"缓出"效果，然后调整速度曲线，如图7-115所示。

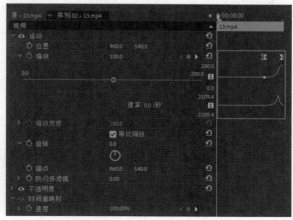

图7-115

8.剪辑14

01 选择14.mp4剪辑，设置其播放速度为300%，如图7-116所示。短缺的部分需要拉长剪辑补齐。

02 在9秒13帧的位置，添加"速度"关键帧，然后将后半段的速度调整为30%，如图7-117所示。

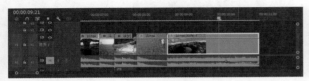

图7-116

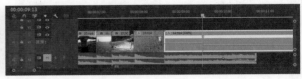

图7-117

03 将速度关键帧右侧的控制点移动到10秒的位置，如图7-118所示。

04 缩短剪辑的长度，与下方音频剪辑齐平，如图7-119所示。

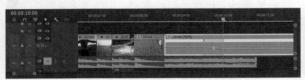

图7-118

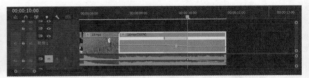

图7-119

任务7.3 调色处理

扫码看教学视频

因为各个素材的色调、明暗不一致，除了整体调色外，还需要对部分剪辑单独调色。

1.整体调色

01 新建一个"调整图层"，添加在V3轨道上，如图7-120所示。

图7-120

02 在"效果"面板的"Lumetri预设"中找到"SL钢蓝（Universal）"滤镜预设，添加到"调整图层"，如图7-121所示。对比效果如图7-122所示。

图7-121

调整前　　　　调整后

图7-122

03 在"Lumetri颜色"面板中展开"基本校正"卷展栏，调整"色温""色彩""对比度"等的参数，细调画面的明暗和对比，如图7-123所示。

图7-123

04 在"曲线"卷展栏中调整"RGB曲线"，增强画面的明暗对比，如图7-124所示。

图7-124

2.单独调整

01 05.mp4剪辑在调色后亮度偏暗、色调偏冷，需要单独调整，如图7-125所示。使用"剃刀工具" ◉ 按照05.mp4剪辑的位置单独裁剪"调整图层"，如图7-126所示。

图7-125

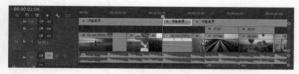

图7-126

02 在"基本校正"卷展栏中调整"色温"等的参数，让画面偏暖，亮度增加，如图7-127所示。

图7-127

03 现有的画面高光部分有些过亮，在"RGB曲线"中降低高光部分的亮度，如图7-128所示。

图7-128

04 08.mp4也存在颜色偏冷的问题，如图7-129所示。在"调整图层"上单独裁剪对应的剪辑，如图7-130所示。

图7-129

图7-130

05 在"基本校正"卷展栏中调整"色温""色彩""饱和度"等的参数，如图7-131所示。

图7-131

06 09.mp4剪辑的色调也不合适，需要单独裁剪对应的"调整图层"剪辑，如图7-132和图7-133所示。

图7-132

图7-133

07 在"基本校正"卷展栏中调整"色温""色彩""饱和度"等的参数，如图7-134所示。

图7-134

08 12.mp4剪辑的亮度过亮，需要单独调整，在"调整图层"上裁剪对应的剪辑片段，如图7-135和图7-136所示。

图7-135

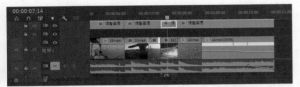

图7-136

09 在"基本校正"卷展栏中调整"色温""色彩""对比度"等的参数，如图7-137所示。

图7-137

10 最后两个剪辑也需要单独调整，色调和亮度都不是很合适，如图7-138所示。将其单独进行裁剪，如图7-139所示。

图7-138

图7-139

11 调整两个剪辑的"色温"和"色彩"等的参数，使其与其他剪辑的色调和亮度相似，如图7-140和图7-141所示。

图7-140　　　　　　图7-141

💡 **提示**

其他没有提到的剪辑不需要单独调整，保持原参数即可。

任务7.4　影片输出

扫码看教学视频

影片制作完成后，按空格键整体播放一遍，检查有没有需要调整的地方，如果没有的话，就可以将其输出为影片格式的文件，提交给项目方。

01 单击上方的"导出"按钮 导出 ，切换到"导出"界面，然后设置"文件名""位置""格式"等，如图7-142所示。

02 设置完成后，单击界面右下角的"导出"按钮 导出 ，就可以导出视频，如图7-143所示。

图7-142　　　　　　　　　　图7-143

03 导出完成后，在设置的输出路径中就能找到该文件，如图7-144所示。

图7-144

项目总结与评价

☞ **设计总结**

☞ **项目评价**

评价内容	评价标准	分值	学生自评	小组评定
分析整理素材	能够叙述节奏卡点视频的制作思路	5		
	能够根据视频内容寻找节奏感较强的音频	5		
视频粗剪	能够通过添加"级别"关键帧，调节剪辑末尾的音量	5		
	能够使用"剃刀工具"在适当的位置进行裁剪	5		
视频精剪	能够通过"速度/持续时间"选项来调节视频播放速度	5		
	能够添加"VR数字故障"制作画面花屏效果	10		
	能够执行"显示剪辑关键帧>时间重映射>速度"命令来调整视频速度	10		
	能够使用"矩形工具"在剪辑上绘制一个白色矩形	5		
	能够使用"轨道遮罩键"为视频制作特效	5		
	能够添加"缩放"关键帧制作视频缩放效果	10		
	能够通过"颜色平衡（RGB）"设置画面颜色错位效果	10		
	能够通过"Lumetri颜色"等工具对视频进行整体调色	10		
	能够利用"基本校正"等工具对视频进行单独调色	10		
影片输出	能够使用"导出"按钮导出MP4格式的视频	5		
总计		100		

拓展训练：动感卡点短视频

　　某短视频博主要在平台上发布一个生活类的卡点短视频。根据动感配乐的节奏拼贴素材，并在素材上添加一些有律动感的特效。

☞ 习题要求

◇　视频主题：动感卡点短视频
◇　分辨率：1080p
◇　视频格式：MP4
◇　视频时长：16秒以内
◇　视频要求：添加图片和音乐，并按照音乐节奏卡点制作视频转场和效果
◇　视频版式：竖屏

☞ 步骤提示

① 打开Premiere Pro，新建项目并导入照片和背景音乐。

② 新建"社交媒体纵向9x16 30fps"序列，并将音乐素材添加到"时间轴"面板中。

③ 根据音乐节奏，添加素材文件，并调整剪辑的长度。

④ 剪辑01分为3层轨道。V1轨道的剪辑添加"高斯模糊"效果，V2轨道的剪辑添加"旋转"和"缩放"关键帧，V3轨道设置为"滤色"模式，并在"不透明度"和"缩放"上添加关键帧。

⑤ 剪辑02分为两层轨道。V1轨道的剪辑添加"缩放"关键帧，V2轨道的剪辑添加"缩放"和"不透明度"关键帧，并设置为"滤色"模式。

⑥ 剪辑03分为两层轨道。V1轨道的剪辑添加"缩放"关键帧，V2轨道的剪辑添加"不透明度"关键帧，并设置为"滤色"模式。

⑦ 剪辑04分为两层轨道。V1轨道的剪辑添加"缩放"关键帧，V2轨道的剪辑添加"黑白"效果。

⑧ 剪辑05分为两层轨道。V1轨道的剪辑添加"缩放"关键帧，V2轨道的剪辑设置为"滤色"模式。

⑨ 剪辑06分为两层轨道。V1轨道的剪辑添加"缩放"和"VR数字故障"关键帧，V2轨道的剪辑添加"黑白"效果。

⑩ 剪辑07分为两层轨道。V1轨道的剪辑添加"缩放"关键帧，V2轨道的剪辑添加"黑白"效果。

⑪ 将序列整体输出为MP4格式的视频文件。

附录：商业案例同步实训任务26例

实训项目1： 短视频关键帧动画制作

关键帧动画是Premiere Pro制作动画的基础。在"效果"面板中的参数上添加关键帧，就能自动连成一段动画。

实训任务　动感美食文字动画

资源文件：实训任务 > 实训任务：动感美食文字动画

本例需要运用素材和文字制作一段动感美食动画。

☞ 设计要求

- ◇　视频分辨率：高清 1080p
- ◇　视频时长：7 秒以内
- ◇　源文件格式：PRPROJ
- ◇　视频格式：MP4

☞ 步骤提示

① 打开Premiere Pro并新建HD 1080p 25 fps序列。

② 将"背景.jpg"图片添加到轨道上，并输入文字"美"和"食"，两个文字需要分成单独的剪辑。

③ "美"剪辑起始位置为10帧，"食"剪辑起始位置为20帧。

④ 新建黑色的"颜色遮罩"放在1秒位置，并放在"食"剪辑的下方。

⑤ 在"颜色遮罩"上添加"线性擦除"效果，并添加"过渡完成"关键帧。

⑥ 新建白色的"颜色遮罩"放在1秒10帧的位置，并添加"位置"关键帧，制作从上到下的动画。

⑦ 输入"由我决定"文字内容，并添加"线性擦除"效果，添加"过渡完成"关键帧，形成文字逐一出现的效果。

实训任务　动态分类标签

资源文件：实训任务 > 实训任务：动态分类标签

本例需要在一个现成的动态视频中添加标签文字，然后为文字添加"不透明度"动画效果。

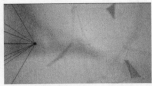   

☞ 设计要求

◇ 视频分辨率：高清 1080p
◇ 视频时长：7 秒以内
◇ 源文件格式：PRPROJ
◇ 视频格式：MP4

☞ 步骤提示

① 打开Premiere Pro并新建HD 1080p 25 fps序列。
② 将"模板.mp4"视频素材添加到轨道上。
③ 在画面上分别输入"特点""信息数据集合""智能平台应用"，形成3个文字剪辑。
④ 根据模板显示的样式，在对应文字剪辑上添加"不透明度"关键帧，形成逐渐出现的效果。

实训任务　运动的小汽车

资源文件：实训任务 > 实训任务：运动的小汽车

扫码看教学视频

在"位置"和"旋转"两个属性上添加关键帧，就能制作一个简单的小汽车运动动画。

☞ 设计要求

◇ 视频分辨率：高清 1080p
◇ 视频时长：5 秒以内
◇ 源文件格式：PRPROJ
◇ 视频格式：MP4

☞ 步骤提示

① 打开Premiere Pro并新建HD 1080p 25 fps序列。
② 将"背景.jpg"图片素材添加到轨道上。
③ 将"车.psd"的3个图层添加到轨道上，并转换为嵌套序列。
④ 为两个车轮的图层添加"旋转"关键帧，形成车轮旋转动画。
⑤ 为嵌套序列添加"位置"关键帧，形成车辆整体移动的动画效果。

扫码看教学视频

实训任务 卡通片尾

资源文件: 实训任务 > 实训任务: 卡通片尾

　　在背景画面中输入文字,然后根据背景动画为文字添加"不透明度"和"缩放"关键帧,使其与背景动画合二为一。

☞ 设计要求

◇　视频分辨率: 高清 1080p
◇　视频时长: 10 秒以内
◇　源文件格式: PRPROJ
◇　视频格式: MP4

☞ 步骤提示

①　打开Premiere Pro并新建HD 1080p 25 fps序列。
②　将"2.mov"视频素材添加到轨道上。
③　用"文字工具"在3秒位置添加"下期预告"文字内容。
④　在文字剪辑上添加"缩放"关键帧,形成文字缩放效果。
⑤　在相同的缩放关键帧位置添加"不透明度"关键帧,形成文字逐渐显现的效果。

实训任务 图形小动画

资源文件: 实训任务 > 实训任务: 图形小动画

扫码看教学视频

　　本例需要在序列中绘制两个矩形,然后为两个矩形制作"缩放"和"旋转"关键帧动画。

☞ 设计要求

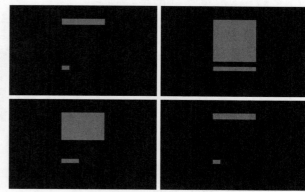

◇　视频分辨率: 高清 1080p
◇　视频时长: 3 秒以内
◇　源文件格式: PRPROJ
◇　视频格式: MP4

☞ 步骤提示

①　打开Premiere Pro并新建HD 1080p 25f ps序列。
②　使用"矩形工具"绘制两个大小不等的矩形。
③　调整两个矩形的锚点位置,然后分别制作"缩放"动画。
④　调整"缩放"动画的速度曲线。

实训项目2：短视频转场设计

视频转场设计是剪辑视频的重要一环，通过不同的转场效果，能让画面效果变得更丰富。

实训任务　家居视频转场

扫码看教学视频

资源文件：实训任务 > 实训任务：家居视频转场

本例需要为素材文件夹中的图片素材添加多种过渡效果。

☞ 设计要求

- ◇　视频分辨率：高清 1080p
- ◇　视频时长：12 秒以内
- ◇　源文件格式：PRPROJ
- ◇　视频格式：MP4

☞ 步骤提示

① 打开Premiere Pro并新建HD 1080p 25 fps序列。
② 将素材图片依次排列在轨道上，每个素材剪辑的长度为2秒。
③ 在剪辑之间分别添加"内滑""推""双侧平推门""棋盘擦除""随机块"过渡效果。
④ 输出MP4格式的视频。

实训任务　游乐场视频转场

扫码看教学视频

资源文件：实训任务 > 实训任务：游乐场视频转场

本例要为4个游乐场主题的素材添加溶解类的过渡效果。

 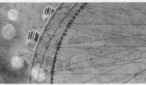  

☞ 设计要求

- ◇　视频分辨率：高清 1080p
- ◇　视频时长：4 秒以内
- ◇　源文件格式：PRPROJ
- ◇　视频格式：MP4

☞ 步骤提示

① 打开Premiere Pro并新建HD 1080p 25 fps序列。

② 将素材图片依次排列在轨道上,每个素材剪辑的长度为1秒。

③ 在剪辑之间分别添加"白场过渡""交叉溶解""胶片溶解""叠加溶解""黑场过渡"过渡效果。

④ 输出MP4格式的视频。

实训任务 ▸ 风景主题相册

资源文件: 实训任务 > 实训任务: 风景主题相册

运用"交叉缩放"和"翻页"过渡效果,连接风景图片并进行过渡,制作主题相册。

扫码看教学视频

☞ 设计要求

◇ 视频分辨率: 高清 1080p

◇ 视频时长: 4 秒以内

◇ 源文件格式: PRPROJ

◇ 视频格式: MP4

☞ 步骤提示

① 打开Premiere Pro并新建HD 1080p 25 fps序列。

② 将素材图片依次排列在轨道上,每个素材剪辑的长度为1秒。

③ 在剪辑之间分别添加"交叉缩放""翻页""交叉缩放"过渡效果。

④ 输出MP4格式的视频。

实训任务 ▸ 商务视频转场

资源文件: 实训任务 > 实训任务: 商务视频转场

运用学习的过渡效果,将素材串联为一个商务主题的视频。

扫码看教学视频

☞ 设计要求

◇ 视频分辨率: 高清 1080p

◇ 视频时长: 10 秒以内

◇　　源文件格式：PRPROJ
◇　　视频格式：MP4

☞ 步骤提示

① 打开Premiere Pro并新建HD 1080p 25 fps序列。
② 将素材图片依次排列在轨道上，总长度不超过10秒。
③ 在剪辑两端添加"黑场过渡"过渡效果，在剪辑之间分别添加"叠加溶解""划出""交叉溶解"过渡效果。
④ 输出MP4格式的视频。

实训任务　国潮主题视频

扫码看教学视频

资源文件：实训任务 > 实训任务：国潮主题视频

基于学习的内容，运用不同类型的视频过渡效果串联国潮主题的素材。

☞ 设计要求

◇　　视频分辨率：高清 1080p
◇　　视频时长：8 秒以内
◇　　源文件格式：PRPROJ
◇　　视频格式：MP4

☞ 步骤提示

① 打开Premiere Pro并新建HD 1080p 25 fps序列。
② 将素材图片依次排列在轨道上，每个剪辑时长2秒。
③ 在剪辑两端添加"白场过渡"过渡效果，在剪辑之间分别添加"推""交叉溶解""交叉缩放"过渡效果。
④ 输出MP4格式的视频。

实训项目3：短视频效果处理

Premiere Pro为用户提供了多种类型的视频效果，可以为视频添加气氛，丰富视频效果。

实训任务　动态创意片头

扫码看教学视频

资源文件：实训任务 > 实训任务：动态创意片头

运用"裁剪"可以实现画面依次呈现的效果,形成一个动态创意片头。

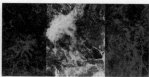

设计要求

◇ 视频分辨率: 高清 1080p
◇ 视频时长: 2 秒 15 帧以内
◇ 源文件格式: PRPROJ
◇ 视频格式: MP4

步骤提示

① 打开Premiere Pro并新建HD 1080p 25 fps序列。
② 将"素材.mp4"文件添加到V1轨道上,设置剪辑长度为2秒,并添加"黑白"效果。
③ 在V1轨道的剪辑上继续添加"裁剪"效果,并在"左侧"和"右侧"添加关键帧。
④ 将V1轨道剪辑复制到V2轨道,删掉"黑白"效果,同时V2轨道剪辑与V1轨道剪辑起始位置相差15帧。
⑤ 使用"文字工具"输入"海洋世界",在"不透明度"上添加关键帧,形成文字逐渐显示的动画效果。
⑥ 输出MP4格式的视频。

实训任务　倒计时片头

资源文件: 实训任务 > 实训任务: 倒计时片头

"色调分离时间"可以制作画面抽帧效果,非常适合老电影一类的特效。

扫码看教学视频

设计要求

◇ 视频分辨率: 高清 1080p
◇ 视频时长: 9 秒 10 帧以内
◇ 源文件格式: PRPROJ
◇ 视频格式: MP4

步骤提示

① 打开Premiere Pro并新建HD 1080p 25 fps序列。
② 将"倒计时.mov"素材添加到V1轨道上,在9秒10帧的位置进行裁剪并删掉多余部分。
③ 在V1轨道的剪辑上添加"色调分离时间"效果,设置"帧速率"为18帧/秒。
④ 将"胶片.mp4"素材文件添加到V2轨道上,并设置"混合模式"为"叠加"。

⑤ 在V2轨道的剪辑上也同样添加"色调分离时间"效果。

⑥ 向右复制V2轨道的剪辑，与下方轨道剪辑对齐。

⑦ 输出MP4格式的视频。

实训任务 宠物取景视频

扫码看教学视频

资源文件：实训任务 > 实训任务：宠物取景视频

取景对焦时，常常会遇到画面突然模糊的情况，运用"高斯模糊"效果就能模拟这一效果。

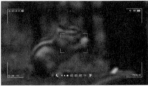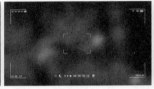

☞ 设计要求

◇ 视频分辨率：高清 1080p
◇ 视频时长：6 秒以内
◇ 源文件格式：PRPROJ
◇ 视频格式：MP4

☞ 步骤提示

① 打开Premiere Pro并新建HD 1080p 25 fps序列。

② 将"松鼠.mp4"素材添加到V1轨道上，在6秒位置进行裁剪并删掉多余部分。

③ 在V1轨道的剪辑上添加"位置"和"缩放"关键帧，形成局部放大对焦的动画效果。

④ 添加"高斯模糊"效果，在"模糊度"上添加关键帧，使画面放大时产生模糊效果。

⑤ 将"取景框.mov"素材添加到V2轨道上，裁掉多余的剪辑，与V1轨道剪辑对齐。

⑥ 输出MP4格式的视频。

实训任务 发光文字

扫码看教学视频

资源文件：实训任务 > 实训任务：发光文字

本例需要使用"Alpha发光"制作视频文字的发光效果。

☞ 设计要求

◇ 视频分辨率：高清 1080p

◇ 视频时长：5秒以内
◇ 源文件格式：PRPROJ
◇ 视频格式：MP4

☞ 步骤提示

① 打开Premiere Pro并新建HD 1080p 25 fps序列。
② 将"背景.mp4"素材添加到V1轨道上，在5秒位置进行裁剪并删掉多余部分。
③ 将"文字.png"素材添加到V2轨道上，添加"基本3D"效果，在"与图像的距离"参数上添加关键帧，形成由远及近的动画效果。
④ 在"文字.png"剪辑上添加"不透明度"关键帧，形成文字逐渐显示的动画效果。
⑤ 在"文字.png"剪辑上添加"Alpha发光"效果。
⑥ 输出MP4格式的视频。

实训任务 四色唯美色调

扫码看教学视频

资源文件：实训任务 > 实训任务：四色唯美色调

　　本例使用"四色渐变"效果为图片制作唯美色调，运用"镜头光晕"效果为画面增加亮点。

☞ 设计要求

◇ 图片尺寸：1920 像素 x1080 像素
◇ 输出类型：图片
◇ 源文件格式：PRPROJ
◇ 图片格式：JPG

☞ 步骤提示

① 打开Premiere Pro并新建HD 1080p 25 fps序列。
② 将"背景.jpg"素材添加到V1轨道上。
③ 在剪辑上添加"四色渐变"效果，设置颜色分别为青色、黄色、蓝色和橙色，"不透明度"为60%，"混合模式"为"叠加"。
④ 在剪辑上添加"镜头光晕"效果，调整发光点的位置和亮度。
⑤ 输出JPG格式的图片。

实训项目4：短视频调色制作

实训任务 红色爱心

资源文件：实训任务 > 实训任务：
红色爱心

扫码看教学视频

本例使用"颜色过滤"效果将图片中的红色保留，其余颜色都转换为灰度效果（在随书附赠的彩色PDF格式的文件中可以直观地看到调整前后的效果对比。）。

调整前　　　　　　　　调整后

设计要求

◇ 图片尺寸：6000 像素 x4000 像素
◇ 输出类型：图片
◇ 源文件格式：PRPROJ
◇ 图片格式：JPG

步骤提示

① 打开Premiere Pro，将"背景.jpg"素材拖曳到"时间轴"面板自动生成序列。
② 在剪辑上添加"颜色过滤"效果，设置"颜色"为红色，"相似性"为20。
③ 输出JPG格式的图片。

实训任务 旧照片色调

资源文件：实训任务 > 实训任务：
旧照片色调

扫码看教学视频

本例需要将一张图片处理为旧照片的效果。

调整前　　　　　　　　调整后

设计要求

◇ 图片尺寸：5618 像素 x3746 像素
◇ 输出类型：图片
◇ 源文件格式：PRPROJ
◇ 图片格式：JPG

步骤提示

① 打开Premiere Pro，将01.jpg素材拖曳到"时间轴"面板自动生成序列。
② 在剪辑上添加"RGB曲线"效果，调整"主要""红色""蓝色"曲线，使画面形成黄色色调。
③ 将02.jpg素材添加到V2轨道，设置"混合模式"为"叠加"。
④ 输出JPG格式的图片。

实训任务 小清新色调

资源文件：实训任务 > 实训任务：
小清新色调

扫码看教学视频

本例使用"Lumetri颜色"将一幅图片调整为小清新风格的色调。

调整前　　　　　　　　调整后

设计要求

◇ 图片尺寸：1920 像素 x1080 像素
◇ 输出类型：图片
◇ 源文件格式：PRPROJ
◇ 图片格式：JPG

步骤提示

① 打开Premiere Pro，新建HD 1080p 25 fps序列，将01.jpg素材添加到轨道上。

② 在剪辑上添加"Lumetri颜色"效果,在"基本校正"中调整"色温""色彩""曝光度"等参数。

③ 在"创意"中调整"淡化胶片"和"自然饱和度"参数。

④ 在"曲线"中调整"RGB曲线",增加画面亮度。

⑤ 在"色轮和匹配"中调整"高光"为黄色,"中间调"为青色,"阴影"为蓝色。

⑥ 输出JPG格式的图片。

实训任务　温馨朦胧画面

资源文件: 实训任务 > 实训任务:
温馨朦胧画面

扫码看教学视频

　　本例需要将一张照片调整为温馨朦胧的画面效果。

调整前　　　　调整后

☞ 设计要求

◇ 图片尺寸: 1920 像素 x1080 像素
◇ 输出类型: 图片
◇ 源文件格式: PRPROJ
◇ 图片格式: JPG

☞ 步骤提示

① 打开Premiere Pro,新建HD 1080p 25 fps序列,将01.jpg素材添加到轨道上。

② 在剪辑上添加"高斯模糊"效果,使用蒙版将人像与背景分离,使背景部分产生模糊效果。

③ 在剪辑上添加"Lumetri颜色"效果,在"基本校正"中调整"色温""色彩""曝光度"等参数。

④ 在"创意"中添加SL IRON NDR滤镜,然后调整"淡化胶片"和"自然饱和度"参数。

⑤ 在"曲线"中调整"RGB曲线",增加画面的对比度。

⑥ 在"色轮和匹配"中设置"高光"为黄色,"中间调"为橙色,"阴影"为蓝色。

⑦ 在"晕影"中设置"数量"为3。

⑧ 输出JPG格式的图片。

实训任务　夏日荷塘视频

资源文件: 实训任务 > 实训任务:
夏日荷塘视频

扫码看教学视频

　　本例需要为一段荷塘视频素材调节颜色,使其符合夏日的感觉。

调整前

调整后

☞ 设计要求

◇ 视频分辨率: 高清 1080p
◇ 视频要求: 5 秒以内
◇ 源文件格式: PRPROJ
◇ 视频格式: MP4

☞ 步骤提示

① 打开Premiere Pro,新建HD 1080p 25 fps序列,将"素材.mp4"文件添加到轨道上。

② 在剪辑上添加"Lumetri颜色"效果,在"基本校正"中调整"色温""色彩""曝光度"等参数。

③ 在"创意"中调整"自然饱和度"参数。

④ 在"曲线"中调整"RGB曲线",增加画面的亮度。

⑤ 在"色轮和匹配"中设置"高光"为黄色,"阴影"为蓝色。

⑥ 新建"调整图层"添加"镜头光晕"效果,并设置图层"混合模式"为"柔光"。

⑦ 输出MP4格式的视频。

实训项目5：After Effects视频后期特效

Premiere Pro与After Effects在制作视频时经常交叉使用。这一部分是拓展性内容，供读者进行选择性学习。

实训任务 科幻文字片头

扫码看教学视频

资源文件：实训任务 > 实训任务：科幻文字片头

本例制作科幻风格的文字片头，需要为文字制作流光效果，并结合素材的动画效果制作相应的文字动画。

✐ 设计要求

◇ 视频分辨率：高清 1080p
◇ 视频时长：3 秒以内
◇ 源文件格式：AEP
◇ 视频格式：MP4

✐ 步骤提示

① 打开After Effects，新建1920像素x1080像素的合成，输入文字After Effects。
② 将文本图层转换为"预合成"，并添加"分形杂色"和CC Toner效果。
③ 新建一个"调整图层"，然后添加"发光"效果。
④ 新建1920像素×1080像素的合成，命名为"总合成"，并导入所有的素材文件到"项目"面板。
⑤ 在"总合成"中添加"流光文字"和"光效.mp4"素材文件，将"光效.mp4"图层放置于顶层，并调整为"屏幕"模式。
⑥ 在文字的预合成上添加"不透明度"和"缩放"关键帧形成动画。
⑦ 将"背景.mp4"素材放置于底层。
⑧ 输出MP4格式的视频。

实训任务 机票查询交互界面

扫码看教学视频

资源文件：实训任务 > 实训任务：机票查询交互界面

本例制作一个简单的机票查询交互界面，需要用到绘图工具绘制界面，并添加简单的动画效果。

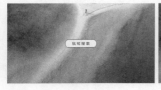
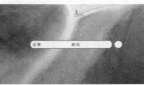

设计要求

◇ 视频分辨率：高清 1080p
◇ 视频时长：5 秒以内
◇ 源文件格式：AEP
◇ 视频格式：MP4

步骤提示

① 打开After Effects，新建1920像素x1080像素的合成，导入"背景.jpg"文件。
② 使用"圆角矩形工具"和"椭圆工具"绘制输入框和按钮。
③ 为输入框和按钮制作变形和移动动画。
④ 在搜索框中输入文字"航班搜索""出发""到达"，并添加"不透明度"关键帧。
⑤ 输入文字ChengDu和ShangHai，添加"打字机"效果。
⑥ 导入"飞行.png"文件，添加"不透明度"和"位置"关键帧，形成动画。
⑦ 在"位置"中添加loopOut(type = "cycle", numKeyframes = 0)表达式，形成循环移动的动画。
⑧ 输出MP4格式的视频。

实训任务　产品展示动画

资源文件：实训任务 > 实训任务：产品展示动画

扫码看教学视频

本例制作一个化妆品的展示动画，除了给素材制作关键帧动画外，还需要用表达式进行配合。

设计要求

◇ 视频分辨率：高清 1080p
◇ 视频时长：5 秒以内
◇ 源文件格式：AEP
◇ 视频格式：MP4

步骤提示

① 打开After Effects，新建1920像素x1080像素的"背景"合成，绘制蓝色渐变背景，并与"粒子.mp4"素材进行混合。
② 新建1920像素x1080像素的"水泡"合成，与植物图片进行混合，并在下方注明植物名称，以此类推共制作8个。
③ 新建1920像素x1080像素的"产品"合成，然后新建"空图层"，将8个"水泡"合成作为"空图层"的子层级。
④ 在"空图层"上制作"旋转"和"缩放"关键帧动画。

⑤　在"水泡"合成上添加表达式-thisComp.layer("空 1").transform.zRotation+0，可以使水泡自身不旋转。

⑥　新建1920像素x1080像素的"总合成"合成，将"背景""产品""光效.mov"素材放置于其中进行叠加。

⑦　输出MP4格式的视频。

实训任务　聊天视频

扫码看教学视频

资源文件：实训任务 > 实训任务：聊天视频

本例需要分别制作聊天的文字和视频两个合成，然后将其合成在一个画面中。

☞ 设计要求

- ◇　视频分辨率：高清 1080p
- ◇　视频时长：6 秒以内
- ◇　源文件格式：AEP
- ◇　视频格式：MP4

☞ 步骤提示

①　打开After Effects，新建1080像素×400像素的合成，命名为"文字1"，绘制白色的对话框，并输入文字。

②　在"项目"面板中复制并粘贴"文字1"合成，生成"文字2"合成，修改对话框为绿色，并修改文字内容。

③　新建1920像素×1080像素的合成，命名为"视频"，导入学习资源中的"视频.mp4"素材文件，将其缩小后在上方绘制半透明矩形框，并添加"按钮.png"文件。

④　在下方再次添加"视频.mp4"素材文件，并制作缩放动画。

⑤　新建1920像素×1080像素的合成，命名为"背景"，然后导入"背景.mp4"素材文件，添加"高斯模糊"效果，并制作动画。

⑥　添加制作的文字合成，并让每一个文字合成作为下一个文字合成的父层级，然后制作文字合成向上移动的动画。

⑦　添加"视频"合成，并调整缩放大小，然后在文字下方绘制一个半透明矩形。

⑧　输出MP4格式的视频。

实训任务　栏目片尾

资源文件：实训任务 > 实训任务：栏目片尾

扫码看教学视频

　　栏目片尾在栏目包装中比较常见。本例运用一个演播室素材制作栏目片尾，需要合成主持人和背景视频。

设计要求

◇　视频分辨率：高清 1080p
◇　视频时长：10 秒以内
◇　源文件格式：AEP
◇　视频格式：MP4

步骤提示

① 打开After Effects，新建5000像素×1080像素的合成，命名为"职员表"，输入片尾文字。在"项目"面板中导入所有素材文件。

② 新建1920像素×1080像素的合成，命名为"动态背景"，导入"动态背景.mp4"素材文件，输入文字"好书推荐"。继续导入"金色粒子.mov"文件，让文字图层作为其亮度遮罩。

③ 新建1920像素×1080像素的"总合成"，添加"背景.mp4"文件，然后添加"主持人.mp4"文件，使用keylight效果抠除人物的绿色背景。

④ 根据背景的屏幕大小，绘制一个白色的矩形，作为"素材.mp4"图层的Alpha遮罩。在"素材.mp4"图层上添加Deep Glow效果。

⑤ 在人物身后绘制一个白色矩形，作为"动态背景"合成的Alpha遮罩。

⑥ 在画面下方绘制一个半透明的黑色矩形，将"职员表"合成添加到矩形上并缩小，然后制作移动动画。

⑦ 输出MP4格式的视频。

163

实训任务　MG片头动画

资源文件：实训任务 > 实训任务：MG 片头动画

　　本例的MG片头动画制作难度不是很高，需要动手绘制一些元素，再将其拼合到"总合成"中，从而形成一段完整的动画。

☞ 设计要求

◇　视频分辨率：高清 1080p
◇　视频时长：4 秒以内
◇　源文件格式：AEP
◇　视频格式：MP4

☞ 步骤提示

①　打开After Effects，新建1920像素×1080像素的合成，命名为"背景"。新建深灰色的背景图层，并添加"网格"效果。

②　使用"椭圆工具"绘制圆环，添加"修剪路径"并制作动画。

③　复制生成5个圆环，单独修改每个圆环的描边宽度和动画关键帧的参数。

④　使用"椭圆工具"绘制圆形，制作缩放动画。将缩放后的圆形复制一层，作为原有图层的Alpha反转遮罩。

⑤　新建1920像素×1080像素的合成，命名为Logo，输入文字内容后添加"线性擦除"效果制作动画。

⑥　新建1920像素×1080像素的合成，命名为"总合成"，将之前制作的各个合成放在一起，调整起始位置，形成完整的动画。

⑦　输出MP4格式的视频。